Helmut Veil

Mensch und Wurm

Helmut Veil

Mensch und Wurm

Ärzte als wissenschaftliche Zoologen und rassistische Anthropologen um 1848

Humanities Online

Bibliografische Information der Deutschen Nationalbibliothek
Die Deutsche Nationalbibliothek verzeichnet diese Publikation in der Deutschen Nationalbibliografie; detaillierte bibliografische Daten sind im Internet über http://dnb.ddb.de abrufbar.

Frankfurt am Main, Germany
www.humanities-online.de
info@humanities-online.de

ISBN 978-3-941743-32-8

Umschlaggestaltung: Uwe Adam | grafik-design

Titelbild:
Clot Bey, Sektion eines Schwarzen. Wikimedia commons

Printed in Germany

Dieses Buch ist auch als E-Book (PDF) erhältlich:
https://humanities.verlags-shop.de/

Inhalt

Einleitung 7

Mensch und Wurm: Bilharz in Ägypten 13
Griesinger und Bilharz: Entscheidung für Kairo 13
Sektionen und Schädel für Anthropologen 16

Die Methoden der Zoologen und die Widerlegung der Urzeugung 28
Carl Theodor von Siebold, Adelbert von Chamisso und Carl Vogt als moderne Zoologen 28
Die weitere Aufklärung der Infektionskette der Schistosomiasis 39

Die Methoden der Anthropologen und die Wissenschaft vom Vorurteil . . 47
Carl Vogts Metamorphose zum Anthropologen 47
Zwei Entwicklungslinien der Anthropologie: Blumenbach und Soemmerring 66
Schädeltypen sind bloße Schablonen 74
Kraft und Stoff – ein rassistischer Bestseller 77
Carl Vogts Kronzeugen 79
Ein Scheitern der Anthropologie als Wissenschaft 82

Ausblick: Ökologie der Parasiten und Populationsgenetik 88

Anmerkungen 94
Der Autor 103

Einleitung

Die politischen Revolutionen von 1848 waren eng mit den naturwissenschaftlichen verwoben. Einige Protagonisten verkörperten beides, besonders lautstark der wortmächtige Redner der radikaldemokratischen Fraktion in der Frankfurter Nationalversammlung, der Zoologe Carl Vogt. Seine Auffassungen von Gesellschaft gipfelten in einem Biologismus, der die Tierstaaten der Ameisen und Bienen als Vorbild für menschliches Handeln empfahl. Die biologischen und geologischen Wissenschaften hatten schon im Vorfeld der politischen Turbulenzen und noch im Nebel der spekulativen naturphilosophischen Prinzipien den religiös gefärbten Erklärungsmustern der Natur hart zugesetzt und die Verteidiger der alten ständischen Ordnung und die Kirchen zu heftigen Reaktionen veranlasst. In den Veröffentlichungen der Zeit ist deutlich die Angst der Heiligen Allianz vor solchen Entwicklungen zu spüren, die zu einer Schwächung Gott gegebener Herrschaften führen könnten. Der Materialismusstreit um die Jahrhundertmitte war dann auch ein Streit für oder gegen die alte Ordnung, die jeden Fortschritt der Naturwissenschaften zu ersticken drohte. Deshalb waren Botaniker, Zoologen und Mediziner in politische Kämpfe verwickelt, und sie sahen nach der Niederlage der Revolution kaum noch eine Möglichkeit zu empirischen Untersuchungen ohne dogmatische Vorannahmen aus der biblischen Schöpfungsgeschichte. Sie wurden ihnen von der alten Garde an den Universitäten und in den Ministerien schlichtweg verweigert. Viele suchten das Weite. Der politisch verfolgte Vogt rettete sich nach Bern. Die Ärzte Wilhelm Griesinger und Theodor Bilharz landeten in Ägypten. Dort wird Bilharz einen parasitischen Wurm entdecken und Schädel für die Anthropologen nach Freiburg schicken. Er wird in Ägypten in dem bösen Drama zwischen Wissenschaft und Scharlatanerie mit allen Elementen konfrontiert, die die wissenschaftliche Zoologie, die Anthropologie des Vorurteils, den kolonialen Raub und die europäische Modernisierung einer fremden Kultur mit der Brechstange hervorgebracht haben. Mensch und Wurm als wissenschaftliche Objekte für Anthropologen und Zoologen in einem kolonialen Umfeld.

Seit Napoleons Ägyptenfeldzug war das Land zu einem Streitobjekt zwischen Briten und Franzosen geworden, seit der Entzifferung der Hieroglyphen durch Champollion zu einem Sehnsuchtsort meist gut betuchter Schöngeister Europas, und seit Mohammed Alis Modernisierungsprogramm zu einem Mekka für europäische Techniker und Ärzte, deren Zusammensetzung die vom regierenden Pascha bevorzugte europäische Macht widerspiegelte. Jetzt wurden einige Deutsche als Gegengewicht zum offenen französischen und noch hinter Baumwollinteressen versteckten britischen Einfluss von ägyptischen Emissären angeworben.

Zu ihnen gehörten der 1850 zum Leibarzt des ägyptischen Vizekönigs Abbas Pascha und zum Chefarzt des Kasr-el-Ainy Krankenhauses in Kairo ernannte Wilhelm Griesinger und dessen Assistent Theodor Bilharz, ein in Tübingen frisch gebackener Arzt, der kurze Zeit unter Carl Theodor von Siebold in Freiburg über die vergleichende Anatomie der wirbellosen Tiere gearbeitet und eine Menge über parasitische Würmer gelernt hatte. Sie hatten beide als Vertreter einer auf Fakten und nicht auf naturphilosophischen Spekulationen basierten Medizin ihre negativen Erfahrungen mit den verkrusteten Strukturen an den medizinischen Hochschulen von Kiel, Tübingen und Freiburg gemacht und waren nach der politischen Reaktion auf die gescheiterte 48er-Revolution mit ihrer naturwissenschaftlich fundierten Arbeitsweise in einer schwierigen Lage. Die Annahme des Auftrags in Ägypten war auch eine Flucht vor einer sinnlosen Vergeudung von Energie in kleinlichen und gehässigen Auseinandersetzungen, für Bilharz eine Einladung, sein Interesse an der Kultur der Pharaonen auszuleben. Im Auftrag des Paschas sezierten sie hunderte von Leichen, um einen Überblick über die weit verbreiteten Seuchen Pest, Cholera und Pocken zu gewinnen. Dabei fand Bilharz die Ursache für die sehr häufige chronische Blasenentzündung der Nilanrainer in einer Wurminfektion, die zu Blutungen, Blutarmut, Gewebsveränderungen und frühzeitigem Tod führte und die lange Zeit seinen Namen als Bilharziose trug. Heute nennt man sie Schistosomiasis. Wie der Wurm in den Menschen gelangte, blieb 65 Jahre lang trotz des offenkundigen Zusammenhangs mit dem Wasser des Nils ungeklärt.

Weniger bekannt ist, dass sich Bilharz in Ägypten in den letzten Jahren seines kurzen Lebens mit kraniologischen und ethnographischen Studien beschäftigt hat. Er sammelte Schädel von den Toten seines Krankenhauses und einige von Mumien. Die Anthropologie suchte sich als eine Wissenschaft zu etablieren, die Menschen in Rassen unterteilte und sie, so wie die Zoologen ihre Tiere, in Schubladen einordnete. Die Systematiken von Pflanzen und Tieren waren nach dem Muster „Gott schöpft, Linné ordnet“ und ohne Leitidee bei neuen Mikroorganismen immer wieder geändert worden. Jetzt sollte der Mensch den gleichen taxonomischen Prozeduren ohne Schöpfergott in einer evolutionären, von nieder nach höher aufsteigenden Linie unterworfen werden wie die übrige Natur, Übergänge vom Tier zum Menschen eingeschlossen. Bilharz ahnte die fragwürdige Basis, auf der die Anthropologen ihre Rassendiffenrenzierungen erarbeiteten. Er sah die bunte Völkermischung in Kairo und lebte mitten unter ihnen, während die rabiatesten Vertreter einer Anthropologie der niederen und höheren Menschenrassen ihre Schlüsse aus den Zufälligkeiten musealer Skelettsammlungen zogen, die im Zuge der Kolonialisierung zusammengetragen worden waren.

Die Erforschung von Parasiten war um die Mitte des 19. Jahrhunderts kein exotisches Thema für engstirnige Spezialisten. Auf diesem Feld fanden die Kämpfe statt, die aus einer Zoologie des Einordnens der Lebewesen in ein schematisches Konstrukt menschlicher Willkür eine dynamische Auffassung der Entwicklung der Lebensformen machte. Kurz: die Taxonomen einer gottgegebenen Ordnung gerieten in die Defensive durch immer neue Befunde, die von der vergleichenden Anatomen und Physiologen mit Hilfe des Mikroskops erhoben wurden, Die Parasiten waren dabei die Organismen, die alle bisherigen Vorstellungen über die Abfolge von Generationen über den Haufen warfen. Wer sich mit parasitischen Würmern beschäftigte war auf der Höhe der Zeit, an vorderster Front der Auseinandersetzungen um den Ursprung des Lebens und der Interpretation dessen, was im Mikroskop zu sehen war. Er bildete die Spitze der naturwissenschaftlich und nicht naturphilosophisch orientierten Zoologie. Als wahr galt nur noch, was gesehen und in seiner Abfolge beobachtet worden war.

Die Diskrepanz zwischen einer Zoologie der Wirbellosen, die mit Hilfe des Mikroskops immer feinere Strukturen der Lebewesen und verblüffende Generationswechsel parasitischer Würmer zwischen geschlechtlicher und ungeschlechtlicher Vermehrung erkannte, und der von gesellschaftlichen Vorurteilen gesteuerten Arbeitsweise der Schädel messenden Anthropologen lässt sich wissenschaftlich alleine nicht erklären. Die mikroskopierenden Zoologen konnten mit ihren Beobachtungen die Jahrtausende alte Lehre von der Urzeugung widerlegen, während die Anthropologen, die meist auch Zoologen, auf jeden Fall aber Mediziner waren, vorgefasste Meinungen als Fakten präsentierten. Das Ergebnis entsprach fasst immer dieser aus einem diffusen gesellschaftlichen Raum der sich in allen Belangen überlegen dünkenden Europäer stammenden Wertungen von Hautfarbe, sozialer Stellung der Sklaven und der Frauen und manchmal schlicht aus Ekel über Hängebäuche und Körpergerüche.

Die Zoologen und Mediziner, die sich den Generations- und Wirtswechsel der parasitischen Würmer vorgenommen haben, klärten Schritt für Schritt das komplizierte Geflecht von Parasit und Wirt, das heutige Zoologen wegen der Ko-Evolution von Mensch und Wurm fasziniert und deren Netzwerke sie als Indikator für eine intakte Umwelt entdecken. Die Mediziner, die sich als Anthropologen versuchten, gerieten mit ihrer vorurteilsbehafteten Methodik in das gefährliche Fahrwasser der Eugenik und in das noch gefährlichere einer von Hass getriebenen Verfolgung und Vernichtung angeblich minderwertiger menschlicher Rassen. Einzelne Stimmen, die die Menschheit als Einheit sahen und die Einteilung in Rassen der interessierten Abwertung durch Sklavenhalter und Kolonialherrn zuschrieben, gingen im wissenschaftlichen Getue der Meinungsmacher in den anthropologischen Gesellschaften unter. Atemberaubend schnell waren ihre Auffassungen in den europäischen und amerikanischen Gesellschaften Allgemeingut geworden. Heutige Genetiker wissen, dass es menschliche Rassenunterschiede nicht gibt (wie etwa bei den Hunden) und dass einzelne Merkmale wie die Hautfarbe keinerlei Wirkungen auf andere Merkmale haben. „Viele verschiedene Gene beeinflussen, das wissen wir heute, die Hautfarbe eines Menschen, entsprechend fließend sind die Übergänge“, sagt der Genetiker Krause.[1] Und die Populationsgenetiker erkennen bei Menschen auf der ganzen Welt nur Varietäten, die sich nicht zu dem zusammenfügen lassen, was zoologische Systematiker als Rasse verstehen und in eine formalisierte Nomenklatur der Natur zwingen.

Der einmal eingeschlagene Weg prägte das Selbstverständnis von Zoologen und Anthropologen für lange Zeit. Die wissenschaftliche Arbeitsweise der Zoologen gibt es noch heute. Die Schädelmessung zur Klassifizierung niederer und höherer menschlicher Rassen wurde erst Ende des 19. Jahrhunderts vom ungarischen Anthropologen Aurél von Török als wissenschaftlicher Humbug entlarvt. Aber da war es schon zu spät. Die in Wissenschaft verpackte Idee von minderwertigen Rassen war in den überheblichen Gesellschaften der Weißen mit Töröks Argumenten nicht mehr wegzudiskutieren.

Die Arbeiten von Bilharz in Ägypten zeigen beide Facetten des Engagements von Ärzten in Zoologie und Anthropologie. Bilharz sah die durch Wurmkrankheiten blutarmen, ausgemergelten Gestalten der Fellachen. Bei jeder dritten Sektion fanden Griesinger und Bilharz *Distomum haematobium* (heute *Schistosoma haematobium*), den Saugwurm, den Bilharz als erster beschrieben hat. Im Gegensatz zu den Daheimgebliebenen konnte Bilharz Lebensrisiken erkennen, die mit der Arbeit, der sozialen Hierarchie und den Wohnverhältnissen verbunden waren. Er konnte am Völkergemisch sehen, dass „der Neger“ ein vager Begriff ist, noch vager als der „des Europäers“, wie er sich in einem Brief an Alexander Ecker, den Freiburger Professor für Anatomie, äußerte. Er, der selbst in die Beschaffung von Schädeln Verstorbener und von Mumienschädeln involviert war, kannte die entwürdigenden Umstände, unter denen sie für Museen zusammengerafft wurden. Und er wusste natürlich, dass er nur Schädel von Christen und nicht die von Moslems abzweigen durfte und dass er Leichen von Soldaten sezierte, die in Dafur oder Äthiopien geraubt und in den Kriegsdienst gezwungen worden waren. Er wusste deshalb nur in Einzelfällen, aus welcher Region Afrikas die Schädel stammten, obwohl er ihre Köpfe noch lebend zu sehen bekommen hatte. Mit diesem in den Museen der Hauptstädte landenden Material unsicherer Herkunft erarbeiteten die Anthropologen ihre Rassetheorien, und sie waren sich dabei sicher, auf dem modernen Pfad der Naturwissenschaft zu wandeln.

Sie taten es nicht. Sie verletzten zahlreiche Regeln wissenschaftlicher Methodik und negierten die Erkenntnisse von Physiologie und funktioneller Anatomie. Ihr Vorgehen beim Menschen und das Vorgehen der Zoologen beim Wurm liegen schon in ihrer Grundeinstellung so weit auseinander, dass ihre gemeinsame Wurzel in einer auf Fakten gegründete Medizin nicht mehr wahrzunehmen ist. Für die Metamorphose eines wissenschaftlichen Zoologen zum Anthropologen des Vorurteils gibt es mit Carl Vogt einen einflussreichen Vertreter, in dem radikaldemokratische Angriffslust, bissige Wut auf Kirche und Naturphilosophie und Ekel vor niedrigen Menschenrassen gleichermaßen kochen. Er bietet ein reichhaltiges Material, um der verstörenden Frage nachzugehen, warum ein voll ausgebildeter Wissenschaftler, der die modernen Methoden der

Zoologen selbst praktiziert hat, als Anthropologe nicht auf moderne Methoden der Medizin zurückgegriffen hat. Es geht um die Geburtsstunde des wissenschaftlich verbrämten Rassenhasses.

Mensch und Wurm: Bilharz in Ägypten

Griesinger und Bilharz: Entscheidung für Kairo

Sie gehörten zu den aufgewecktesten Köpfen der jungen Medizinergeneration. Wilhelm Griesinger war 33, Theodor Bilharz 25 Jahre alt, als sie 1850 nach Ägypten aufbrachen (Abbildungen 1 und 2).

Abbildung 1: Wilhelm Griesinger. Wikimedia commons

Abbildung 2: Theodor Bilharz. Wikimedia commons

Griesinger war schon mit 21 Jahren mit einer historischen Arbeit über die Diphtherie in Tübingen zum Doktor promoviert worden. Er war als Korpsstudent „mit politischer Färbung“ und, weil er die zur Überwachung eines Korpstreffens vorgesehene Polizei an der Nase herumgeführt hatte, ein Jahr suspendiert worden. Trotz Verbots hatte er in Zürich weiter studiert. Er gehörte zu einer Gruppe, die sich im Selbststudium die naturwissenschaftlichen Grundlagen von Müllers Physiologie und Andrals pathologischer Anatomie beibrachten, während die Professoren in den Vorlesungen „Hefte nach antiquirtem Schema und längst historisch gewordenen Inhalten“ diktierten.[2] Direkt nach seinem Examen ging er nach Paris, um beim Meister der experimentellen Physiologie und Pathologie François Magendie die Defizite der Tübinger Medizinerausbildung zu beseitigen. Nach Praxis in Friedrichshafen am Bodensee wurde er Assistenzarzt in der Irrenanstalt Winnenthal in Winnenden bei Stuttgart, mit deren Erfahrung er 1845 *Die Pathologie und Therapie der psychischen Krankheiten* mit einer humanistischen Grundhaltung verfasste, die auch seine Arbeit in Ägypten bestimmen wird. Nach zwei Jahren war er noch einmal in Paris, dann in Wien, und, nach einer weiteren Praxis in Stuttgart Assistenzarzt an der medizinischen Klinik Tübingen unter der Leitung seines Jugendfreundes *Carl August Wunderlich* geworden, wo er sich an der Herausgabe des Archivs für physiologische Heilkunde beteiligte. Er war jetzt ein durch und durch moderner Mediziner, der die Medizin nicht von Abstraktionen geleitet sehen wollte, sondern von der Anatomie, und mit einem Verständnis von Wissenschaft, in der Hypothesen nicht als Deckmantel für das völlige Fehlen von Tatsachen für eine spekulative Beliebigkeit missbraucht werden.[3]

In Tübingen hatte sich der Wind von der naturphilosophischen Richtung weg gedreht. Der medizinische Unterricht lag inzwischen hauptsächlich in den Händen junger, wissenschaftlich orientierter Dozenten. Um jede einzelne Beförderung der jungen musste gegen die älteren Professoren gekämpft werden, und Griesinger wurde außerordentlicher Professor für allgemeine Pathologie, Therapie und Geschichte der Medizin. Die 48er-Revolution machte ihn vorübergehend zum Volksredner, aber als die republikanische Partei in Schwaben 1849 revoltierte, zog er sich nach Kiel zurück. Deren Vorgehen war ihm zu viel des Guten. Es würde das ganze Land in den Abgrund ziehen.[4]

Im September 1849 trat er eine Stelle als Professor für Pathologie und Therapie an der noch nach altem Muster geführten Universität von Kiel an. Das ging nicht lange gut, auch weil Studenten fehlten, die Militärdienst leisten mussten, und die allgemein niedergedrückte Stimmung nach der Niederlage der Revolution keinen günstigen Nährboden für die geplanten Unternehmungen boten, wie für den zugesagten Bau einer Poliklinik.

Ein Abgesandter des Vizekönigs von Ägypten (des Gouverneurs der osmanischen Provinz Ägypten) suchte in Deutschland einen Direktor für die medizinische Schule in Kairo. Griesinger nahm an und gewann seinen ehemaligen Schüler Theodor Bilharz, der gerade erst sein Examen abgelegt hatte und eigentlich in Mexiko sein Glück versuchen wollte. Bilharz gehörte während seiner Studienzeit in Freiburg und Tübingen zu den Wissbegierigen, die kaum ein Fach auslassen konnten. In Freiburg hatte er Mathematik, Physik, Chemie, Mineralogie, Botanik, Geologie, Archäologie, antike Kunst, Geschichte, Ethik, Psychologie und Philosophie studiert und sich vom Helminthologen Carl Theodor von Siebold in die Untersuchungsmethoden von parasitischen Würmern einführen lassen. In Tübingen lernte er beim Anatomen und Physiologen Friedrich Arnold, einem anatomischen Präparator von legendärem Ruf. In Ägypten wollte er sich auch mit Hieroglyphen beschäftigen.[5]

Die politische Lage in Ägypten war unübersichtlich. Abbas I. war 1849 auf Ibrahim Pascha als Vizekönig des osmanischen Reiches gefolgt, der das Land dem Schock einer kolonialen Modernisierung ausgesetzt hatte. Abbas I. wollte den französischen und britischen Einfluss bei den Modernisierungsbemühungen zurückdrängen und ließ in Deutschland Kandidaten für die Übernahme des Chefarztposten am Hospital von Kasr-el-Ainy suchen, die mit dem Präsidialamt für das gesamte Gesundheitswesen und der zweifelhaften Ehre eines Leibarztes des Vizekönigs verbunden war. Die Angebote des Gesandten waren finanziell verlockend und medizinisch mit weitreichenden Vollmachten ausgestattet, einschließlich der Ausbildung arabischer Studenten.

Griesinger muss klar gewesen sein, dass er dabei war, sich in ein großes und eventuell gefährliches Abenteuer zu stürzen, denn er informierte sich beim Professor für Geschichte der Medizin und Physiologie *Christian Gottfried Ehrenberg* an der Friedrich-Wilhelms-Universität Berlin. Ehrenberg war in der noch jungen Szene mikroskopierender Zoologen ein wichtiger Mann, der sich Gedanken über die Stoffwechselvorgänge im Innern von Zellen machte und ihre Elemente mit den Verdauungsorganen höherer Tiere gleichgesetzt hatte. Auch der Helminthologe Carl Theodor von Siebold, bei dem Bilharz die Wurmdiagnostik gelernt hatte und der sich um die Veröffentlichung der Entdeckung des Blasenwurms durch Bilharz kümmern wird, war ein Schüler Ehrenbergs während seiner Studentenzeit in den 1820er-Jahren in Berlin.[6]

Ehrenberg hatte bereits 1820 bis 1826 auf Kosten der Königlichen Akademie der Wissenschaften den Nahen Osten bereist und 3000 Pflanzen- und 4000 Tierarten mitgebracht. Ehrenberg bestärkte Griesinger zur Übernahme des Postens in Kairo, obwohl seine Expedition von zahlreichen Todesfällen überschattet gewesen war. Sein Kollege Hemprich und sieben weitere mitreisende Gehilfen und Dolmetscher waren an Fieber, Ruhr, Pest, Wechselfieber und durch Ertrinken gestorben, Ehrenberg selbst hatte ein dreimonatiges „tropisches Wechselfieber" nur knapp überstanden, und ihre Karawane aus 56 Kamelen war in bewaffnete Auseinandersetzungen unter Beduinen und in Kriege des brutalen Modernisierers Mehmed Ali geraten. Ob Giesinger und Bilharz wirklich wussten, welche Risiken sie eingehen würden? Wenn sie es wussten, dann war ihre Abenteuerlust größer als ihre Angst.[7]

Wilhelm Griesinger hat im *Archiv für Physiologische Heilkunde* 1853 und 1854 ausführlich über die Sektionen berichtet, die von ihm und Bilharz im Hospital von Kasr-el-Ainy, eine halbe Stunde von Kairo am rechten Nilufer entfernt, vom 1. Oktober 1850 bis zum 1. Mai 1852 durchgeführt wurden. Das Militärhospital in einem alten Palast etwas außerhalb von Kairo war für 1 000 ausschließlich männliche Kranke – die überwiegende Mehrzahl Soldaten – mit dem Notwendigsten zweckmäßig eingerichtet. Unter den Patienten waren „Europäer, Türken, Syrer, Perser, Beduinen, Nubier, Abyssinier, Neger verschiedenster Herkunft, aber die meisten unserer Kranken gehörten der Stammbevölkerung des Landes, der sogenannten Fellahrace an".[8] Die Fellachen waren physisch durch zahlreiche Krankheiten, schlechte Ernährung und „durch tausendjährige Knechtschaft unter fremden Herren moralisch verkommen". Sie waren so abgestumpft, dass sie noch nicht einmal verstanden, warum jemand an ihrem Zustand ein Interesse haben sollte. Bei einer Befragung mit Hilfe eines Dolmetschers ohne medizinische Kenntnisse blieben die Antworten diffus, und oft wurde ganz bewusst gelogen. Unter diesen Umständen waren die Sektionen die einzige Möglichkeit, wenigstens nach dem Tod eine Diagnose stellen zu können.

Sektionen und Schädel für Anthropologen

Die frappierende Anzahl von 400 Sektionen in zwei Jahren, die Griesinger mitteilt (eine „Zahl verhältnismässig sehr klein"), waren vom Vizekönig um 1830 angeordnet worden, um ein Bild von den grassierenden Seuchen zu gewinnen.[9] Die Anordnung war klar, ihre Durchsetzung gegen die Vorbehalte in der islamischen Kultur äußerst schwierig. Nach Griesinger wurden die von ihm und Bilharz durchgeführten Sektionen „mannigfach angefochten". Griesingers langjähriger Vorgänger und Wegbereiter, der Franzose Antoine Barthélémy Clot (1793–1868), in Ägypten Clot Bey genannt, hatte wegen dieser Vorbehalte große Probleme, die von Mehmet Ali Pascha angeordneten Sektionen mit pfiffigen Manövern und geeigneter Wortwahl vorzunehmen.

Clot Bey begann mit dem *menschlichen* Skelett eines von ihm so genannten „Christenhundes", „chiens de chrétien", das er aus Europa hatte kommen lassen, und mit menschlichen Knochen von „missbrauchten Friedhöfen", also solchen, die geplündert worden waren und auf denen sich Hunde und Schakale tummelten. Das ging noch ohne große Skandale ab. Sehr viel schwieriger war es, Sektionen an eben Verstorbenen durchzuführen, was der Islam als Sakrileg betrachtete. Aber es gab unter den Toten des Militärhospitals nicht beschnittene Schwarze, die sich Clot Bey gegen anfänglichen Widerstand der Studenten als erste vornahm.[10] Er konnte die *Ulemas* (Rechtsgelehrten) davon überzeugen, dass schwarze Afrikaner weder Christen noch Muslims seien und sie deshalb keine Seele hätten. Der Sektionsraum war von Wächtern abgeschirmt, die angeblich nicht einmal wissen durften, weshalb sie Wache standen. Ein Attentatsversuch einer seiner Studenten konnte vereitelt werden.[11]

Ein Bild, das Clot Bey 1829 in der Gegenwart von Scheichs und zahlreichen Studenten möglicherweise bei er ersten Sektion eines Schwarzen zeigt, fängt eine etwas bedrohliche Atmosphäre ein: Muslimische Würdenträger als religiöse Aufpasser für den in der Mitte hantierenden Clot Bey und einen links mit Gewehr bei Fuß stehenden schwarzen Soldaten als Warnung an die Studenten, die Sektion nicht zu stören. Er bewacht die postmortale Missachtung eines Kameraden durch einen abgesandten Europäer und seine arabischen Herren. Er war wahrscheinlich wie sein Wächter als geraubter Sklave aus Darfur oder anderen Regionen am Oberlauf des Nils in die Armee gezwungen worden (Abbildung 3, S. 18).

Zur Zeit von Griesinger und Bilharz sollten eigentlich die Fellachen Soldaten stellen, aber auch da gab es zahllose Schwierigkeiten, da sie im osmanischen Reich seit Jahrhunderten keinerlei Wehrdienst zu leisten gehabt hatten und die Rekrutierungsmethoden äußerst brutal waren.[12] Daran hatte sich bis zur Ankunft von Griesinger und Bilharz nichts geän-

Abbildung 3: Clot Bey, Sektion eines Schwarzen. Erklärung im Text. Wikimedia commons

dert, wie sie der österreichische Konsul Alfred von Kremer schildert. Der Konsul bezeichnet die Fawaïd als wandernde Stämme, die meistens in der Nähe von Fajum (al-Fayyüm, 80 km südwestlich von Kairo) ihr Zuhause hatten und als zwangsrekrutierte Soldaten mit ihren Krankheiten und Verletzungen im Militärkrankenhaus von Kasr Al Ainy landeten:

„Im Sommer des Jahres 1855 wollte der Vizekönig Said-Pascba diese Beduinen der Rekrutierung unterziehen. Diese widersetzten sich und erklärten, bereit zu sein, sich jeder Besteuerung zu fügen, aber ihre Söhne würden sie nie und nimmer zum Militär abgeben. Da zog der Vizekönig mit einer bedeutenden Macht von regulären Truppen gegen sie, schlug sie in verschiedenen Gefechten, wobei er selbst einmal in große Gefahr gerieth und fast den Beduinen in die Hände gefallen wäre. Ein Theil von ihnen ergab sich an Ahmed-Pascha Parmaksiz, der ihnen Verzeihung zusicherte. Diese Zusicherung ward aber nicht gehalten, sondern mit grösster Grausamkeit gegen sie verfahren; viele wurden füsilirt, einige vor den Kanonen weggeblasen. Der Rest, aus mehreren hundert Männern bestehend, ward, mit Fesseln beladen, nach Alexandria ins Arsenal geschickt und zu schweren Arbeiten verwendet. Da man sie aber nicht bloß sehr anstrengte, sondern auch schlecht ernährte und über Nacht in den engen Raum einer alten abgetakelten Fregatte einsperrte, so brach bald unter ihnen eine heftige Epiedemie aus, welche sie alle hinraffte ... Auf dem Marsch nach Kairo liess man sie zwei und zwei zusammengekettet gehen. Es kam aber der Fall vor, dass während des Marsches einer starb; man nöthigte nun dessen Gefährten, den Todten zu tragen, damit von der bestimmten Zahl, die der diensthuende Offizier abzuliefern hatte, keiner fehlte.".[13] Der von Kremer erwähnte Vizekönig Muhammas Said (1822–1863) hatte 1854 die Regierung in Ägypten angetreten.

Den von den europäischen Ärzten vorgenommenen Sektionen ist es zweifellos zu verdanken, dass Griesinger zum Beispiel die Organbeteiligungen beim Typhus genauer bestimmen und Bilharz die bisher diffuse Beschreibung blutarmer Ägypter (Chlorose) vor allem auf den von ihm entdeckten Blasenwurm zurückführen konnte. Viele der Seuchen waren bisher allgemein als „Pest" bezeichnet worden. Auch hier wurde das diagnostische Instrumentarium nach einer Klärung durch Sektionen geschärft. Von der Bilhariose waren rund ein Drittel der männlichen Nilanrainer betroffen mit erheblichen Auswirkungen auf ihre Arbeitsfähigkeit und ihre Lebenserwartung (Abbildung 4, S. 20).

Weniger bekannt ist, dass die sezierenden Ärzte von ihren zuhause gebliebenen Kollegen, die sich als Anthropologen betätigten, gebeten wurden, sie mit Schädeln verschiedener „Rassen" zu versorgen und dabei auch Mumien nicht zu vergessen. Die Bedingungen, unter denen sie gesammelt wurden, werfen ein Schlaglicht auf die gierige Haltlosigkeit vieler Anthropologen, die gerade dabei waren, den Menschen nicht mehr als einmalige Schöpfung Gottes zu betrachten, sondern ihn in die Stammbäume des Tierreichs und seine Schädel in die Regale von Museen einzuordnen. Die Fragwürdigkeit der Methoden der Aneignung und der Klassifizierungen auf der Grundlage diffuser Herkunftsbeschreibungen war Bilharz bald klar geworden, und er musste von den räuberischen Zuständen auf den Mumienfelder von Sakarah gewusst haben, die nicht weit von seiner Wohnung in Alt-Kairo nilaufwärts lagen.

Eine Beschreibung der Raubgrabungen liefert der studierte Mediziner, Naturforscher und Ethnologe Robert Hartmann (1832–1893), der Bilharz in Kairo getroffen und mit ihm über seine Reise diskutiert hat. Die Totenstätten waren verwüstet, Knochen und vereinzelt Schädel lagen herum. „Viele gut erhaltene Knochen, darunter auch vollständige Schädel und Schädelfragmente verschafften wir uns im Jahre 1859 im

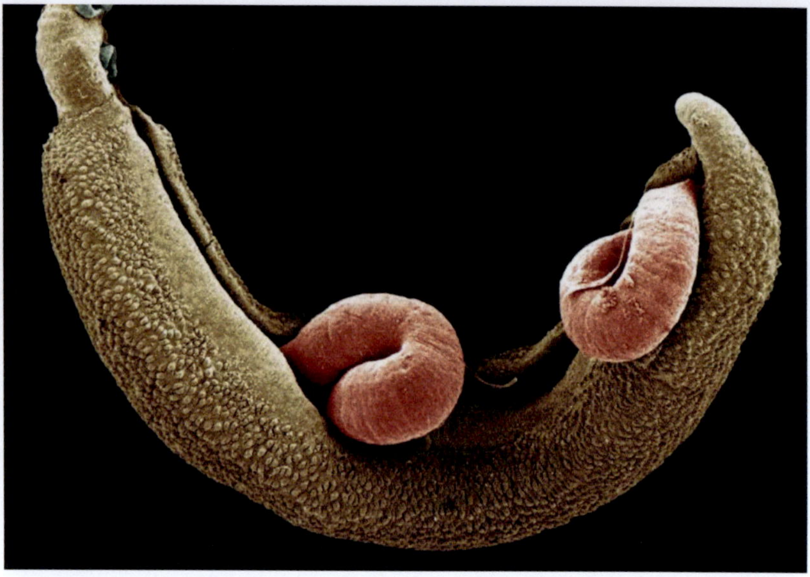

Abbildung 4: Der Saugwurm Schistosomum, ein Pärchenegel in einer elektronenmikroskopischen Aufnahme. Länge 6 bis 26 mm. Der weibliche Saugwurm lebt in einer Hautfalte des männlichen (H. Mehlhorn/Heinrich Heine Universität Düsseldorf)

Schachte der einen der fälschlich sogenannten Königsgrüfte von Sagârah (Gruft No. 1). Einen sehr schönen Schädel erhielten wir zur selbigen Zeit aus einem frischgeöffneten, in der Nachbarschaft des inschriftlosen Tempels befindlichen Grabes zu Gizeh, eine sehr wohl conservirte männliche, mit Resten von Vergoldung geschmückte Mumie …".[14]

Bilharz sammelte Schädel der in seinem Krankenhaus gestorbenen Soldaten aus den verschiedenen Provinzen im Auftrag des Freiburger Anatomieprofessors Alexander Ecker (1816–1887). Dazu Ecker in seiner Veröffentlichung von Bilharz' Sammlung: „Prof. Bilharz examinirte die auf seine Hospital-Abtheilung gebrachten kranken Schwarzen auf das Genaueste über ihre Heimath und notirte sich diese Angaben. Von im Spital verstorbenen Kranken rühren aber diese Schädel her. Die Soldaten des Pascha, denn das waren sie zumeist, die in's Hospital kamen, sind nun, wie mir Dr. Hartmann mittheilt, theils geraubte, theils gekaufte Sklaven, oder es sind freiwillige Söldner, ächte Condottieri, oder es sind die nach Einführungen des neuen Wehrgesetzes ausgehobenen Wehrpflichtigen. Die Sklaven stammen nach diesen Angaben meist vom weißen Nil ...", also aus dem Südsudan.[15] Es waren 67 Schädel, 38 davon mit einigermaßen genauer Herkunft, die übrigen 29 nicht oder allgemein von Bilharz selbst als „Negerschädel" bezeichnet. Die Herkunftsbezeichnungen waren oft so diffus, dass eine exakte regionale Zuordnung kaum möglich war. Zum Beispiel: Baqara (Rinderzüchter aus Äthiopien/Abessinien oder auch Menschen aus bain-el-baqara, dem sogenannten Kuhbauch, der breitesten Stelle des Nils zwischen Alexandria und Kairo), Taka (Berge im Sudan), Fazogl (Sudan), Aleppo (ein Türke), Nubien (2 Schädel), Libyen (Beduinen 4 Schädel), Kopten (2 Schädel), 6 Mumienschädel. Ecker ist der Meinung, dass die Bezeichnung „Negerschädel", wie sie in den meisten anatomischen Sammlungen vorgenommen wird, für die Mischung der nordostafrikanischen Völker keineswegs ausreicht. Bilharz machte keine Angaben zu Hautfarbe und Gestalt der „früheren Träger" dieser Schädel.[16] Ecker betrachtet daher die meisten Schädelsammlungen nur als einen ersten Versuch einer „ethnographischen Sammlung". Die genannten Bedingungen sprechen eher für einen völlig ungeordneten Haufen Schädel (Abbildungen 5 und 6, S. 22).

Bilharz habe sich, so Ecker, in seinen letzten Jahren mit kraniologischen und ethnographischen Studien beschäftigt. Er zitiert dazu einen Brief von Bilharz an ihn vom August 1859, in dem dieser mit seiner ablehnenden Haltung zu den Schädelmessungen nicht hinter dem Berg hält: „Von den ethnographischen Studien, auf die ich mich nach Ihrer Aufforderung geworfen habe, hat sich bis jetzt noch kein irgend erhebliches Resultat abkrystallisirt".[17] Er beklagt, dass es fast unmöglich sei, von den Negern, die ins Krankenhaus kommen, Genaues über ihre Herkunft zu erfahren. Die Kenntnis der Herkunft sei das wichtigste, „denn Neger ist ein vager Begriff, entschieden noch vager als der der Europäer". Ecker kennt keine Aufzeichnungen von Bilharz zu dieser Beschäftigung. Aber nach dieser Aussage der mangelhaften Fixierung der Herkunft ist davon auszugehen, dass die Schädel der Sammlung mit einer einigermaßen genauen Herkunftsbezeichnung aus Autopsien von verstorbenen kranken Schwarzen stammen. Unter den Präparaten, die in Eckers Sammlung landeten, waren auch die Genitalien und das Becken eines schwarzen Eunuchen und die Genitalien einer Fellah-Frau, „an welcher die Beschneidung (Excision der Clitoris) gemacht ist". Diese Genitalien hat Alfons, der Bruder von Theodor Bilharz in seiner Dissertation beschrieben.[18]

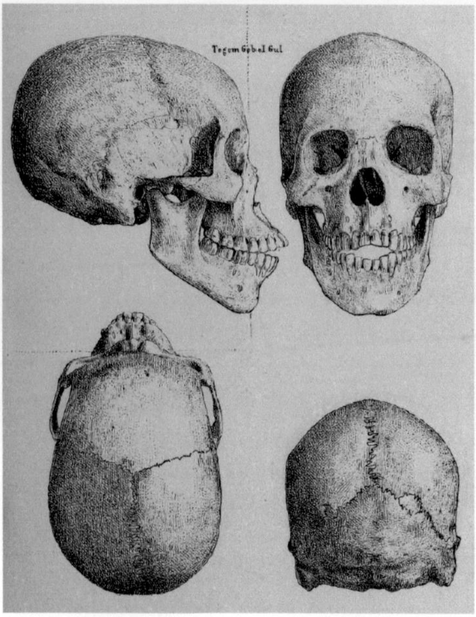

Abbildung 5: Tafel 5: Bei der Angabe der Herkunft des Schädels passt nichts zusammen. Ecker nennt die Koordinaten 12° nördlicher Breite und 37° östlicher Länge. Das wäre eine Gegend zwischen Asmara in Eritrea und Addis Abeba in Äthiopien. Bilharz hatte die Provenienz mit Tegem-Gebel-Gul angegeben. Ecker bezieht diese Angabe auf den Berg Gul in der Provinz Dâr-Fungi, „einem nicht kleinen, dem Divan tributären Königreich". Divan ist der Staatsrat des osmanischen Reiches. Mit Dâr-Fungi meint er wahrscheinlich Dar-Fung, früher auch Dâr-el Fungi im Südostsudan zwischen dem weißen und blauen Nil, ca. 25° östlicher Länge. Es ist ein Schädel „von exquisitem Negercharakter", dessen widersprüchliche Herkunft nach Ecker ein diffuses Gebiet irgendwo zwischen Südsudan und Äthiopien umfasst, und dessen Charakter der vorspringende Unterkiefer ist.

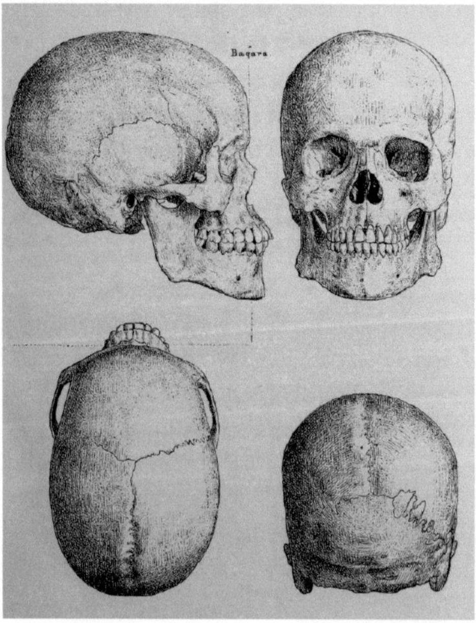

Abbildung 6: Tafel 12: Der Schädel eines Baqara, eines Rinderhirten arabischer Herkunft. Hier stellt Ecker nach Ausmessen fest, dass ein Mischling „mindestens" angenommen werden müsse. Er hat einen leicht vorspringenden Unterkiefer. Anthropologen wie Ecker hatten trotz zweifelhafter Herkunft wenig Bedenken, ein messerscharfes Urteil über den Schädel abzugeben (Abbildungen aus: Dr. Alexander Ecker, Schädel nordostafrikanischer Völker aus der von Prof. Bilharz in Cairo hinterlassenen Sammlung, abgebildet und beschrieben. Frankfurt/Main 1866)

Die Aneignung von Körperteilen aus den von Europäern kolonisierten oder mit Forschungsreisen überzogenen Ländern kannte keinerlei Schamgrenzen. Sie setzten sich über die Tabus der Einheimischen hinweg und sahen das als ihr gutes Recht. Die massiven Ausgrabungen von Mumien führten habgierige Forschungsreisende oder Kulturtouristen auf der Suche nach exotischen Mitbringseln mit einheimischen Grabräubern zusammen. Jean-Jacques Rifaud (1786–1852), Bildhauer, Zeichner, Reiseschriftsteller, stellt seinem Buch über Ägypten und Nubien von 1830 eine Warnung voran, die ein Licht darauf wirft, wie die Mumien aus dem Boden geholt wurden und welche Unsicherheiten in der archäologischen Bewertung durch diese Praktiken entstehen mussten.[19] Wer Mumien haben will, so Rifaud, müsse sich auf Fälschungen einstellen. Die Araber selbst würden sie in der Hoffnung profanieren, in ihnen Papyrus oder Schmuck zu finden, um sie an die Europäer zu verkaufen. Dabei würden sie die schönsten Mumien zerstören oder sie in einen anderen, weniger schönen Sarg legen, wobei sie häufig Mann und Frau verwechselten oder austauschten und so die Wissenschaftler an der Nase herumführten. Seit einigen Jahren seien die Fellachen Oberägyptens und die Juden Kairos in diese lukrativen Fälschungsgeschäfte verwickelt. Viele der Mumien kämen in die Medizinschule von Kasr Al Ainy und würden von den dortigen Professoren untersucht. Im anatomischen Museum der Schule seien die Mumien zu besichtigen.[20] Rifaud war 25 Jahre lang bis 1826 in Ägypten und im Nahen Osten, also eine Generation vor Griesinger und Bilharz, in deren Zeit der Ägyptentourismus jedweder Couleur Fahrt aufgenommen hat und archäologisches Graben zum Volkssport betuchter Engländer, Franzosen, Deutscher und Österreicher geworden war (Abbildung 7, S. 24). Das waren die Bedingungen, unter denen die Fundstücke in den anthropologischen und ethnografischen Museen landeten. Auf sie stützten sich die Schädel messenden Wissenschaftler und die Einteiler des Menschen in Rassen.

Unter dem Deckmantel von Wissenschaft und der Modernisierung Ägyptens schwelten die konkurrierenden Interessen der Kolonialmächte und von denen, die es werden wollten. Die jeweiligen Statthalter Ägyptens im zerfallenden osmanischen Reich versuchten, sich diese Konkurrenz zunutze zu machen. Als ihnen der französische Einfluss nicht mehr geheuer war, holten sie sich deutsche und österreichische Fachleute, die ihre liebe Not hatten, mit den althergebrachten Sitten und Gebräuchen klar zu kommen oder sich im Einklang mit geldgierigen Elementen der

Abbildung 7: Lepsius Expedition 1842–1845, auf Befehl und finanziert von seiner Majestät, dem preußischen König Friedrich Wilhelm IV. und befürwortet von Humboldt und Bunsen, mit preußischer Fahne auf der Cheops-Pyramide 1842. Lepsius bekam von Clot Bey eine Sammlung ägyptischer Fische geschenkt, die im Anatomischen Museum von Berlin landeten, und er kaufte vom preußischen Vizekonsul, Teilnehmer an der zweiten Nilexpedition Muhamed Alis 1840 und Entdecker der Quellen des Weißen Nils, Ferdinand Werne, eine ethnografische und naturhistorische Sammlung, die in Berliner Museen landeten. (Tafelwerk, Denkmäler aus Ägypten und Äthiopien, 1859, S. 24)

einheimischen Bevölkerung Kulturschätze aneigneten. Der Kampf um Einfluss ging von den Hauptstädten aus und führte immer wieder zu diplomatischen Verwicklungen bis hin zu Drohgebärden, die zwischen Frankreich und Großbritannien beim Bau des Suezkanals, mit dem 1859 begonnen wurde, ihren Höhepunkt erreichten. Die Spannungen färbten auch auf den Einsatz von Medizinern ab, was Bilharz dazu brachte, den einflussreichen Berliner Professor für Pathologie und Politiker Rudolf Virchow (1821–1902) zu bitten, sich gegen die Abberufung deutscher und österreichischer Ärzte einzusetzen. Virchows Interventionen bei Botschaften und Behörden waren teilweise erfolgreich.[21]

Der Kulturbruch, der den Einheimischen durch die Modernisierungsbemühungen ihrer Vizekönige abverlangt wurde, war brutal. Ein Vorfall aus München, der hohe Wellen schlug, verlegte ihn nach Europa, wo einige ägyptischen Medizinstudenten den letzten Schliff bekommen sollten, und schockierte eine von schöngeistiger Ägyptomanie befallene Öffentlichkeit. Lautner-Bey, wie Dr. Georg Lautner (1813–1889) in Ägypten genannt wurde, war 1863 in München wegen der Züchtigung durch den Aufseher seiner zwölf mitgebrachten ägyptischen Medizinstudenten zu 100 Gulden Strafe und achttägigem Arrest verurteilt worden. Lautner war zeitgleich mit Griesinger und Bilharz in Kairo angekommen, als Oberst in den Dienst des Kriegsministeriums getreten und Leibarzt von Suleiman Pascha geworden.[22] Die zwölf Studenten sollten ihre Ausbildung in München in einem von Lautner geleiteten Institut fortsetzen, in einer Art Internat mit strengen Regeln und einem bayerischen Aufseher namens Obermeyer mit Ägyptenerfahrung. Als die Situation aus dem Ruder lief, war der abwesende Lautner gerade auf dem Rückweg von Alexandria nach Triest.

Was war passiert? Wegen eines „widersetzlichen Benehmens der Zöglinge“ war es zwischen ihnen und dem Aufseher Obermeyer zu handgreiflichen Auseinandersetzungen gekommen, bei denen einige der Studenten verletzt und auch Obermeyer eine Kopfwunde davontrug. Nach seiner Rückkehr wurden die Studenten von Lautner-Bey der Polizei übergeben und zusammen in einen Raum eingesperrt, wo sie sich abgesprochen und „ein Gewebe von Lügen“ gesponnen haben sollen, auf die sie teilweise vereidigt worden waren. Der französische Lehrer der Anstalt stützte ihre Version des Hergangs. Die Richter der Erstinstanz folgten der Darstellung der Studenten und verurteilten Obermeyer zu dreimonatiger Haft und Lautner zu achttägigem Arrest und 100 Gulden für die Armenkasse. Münchener und Wiener Zeitungen bemächtigten sich des Vorfalls und entfachten eine Kampagne des „Humanitätsschwindels“, wie ihn ein ungenannter Schreiber nannte. Maximilian II., König von Bayern, sah sich sogar genötigt, die ägyptische Regierung offiziell von dem Vorfall in Kenntnis zu setzten und eine gründliche Untersuchung zu veranlassen.[23]

Ein namentlich nicht Genannter, bei dem es sich um wahrscheinlich um den Kunsthistoriker Julius Braun (1825–1869) handelt und der in der Widerrufungsverhandlung als Zeuge für Lautner ausgesagt hat und selbst viele Jahre in Ägypten verbracht hatte, rechtfertigt in einem langen Schreiben an die *Wiener Medizinische Wochenschrift* das Vorgehen Lautners, kritisiert die Münchener Behörden und klärt die europäische Öffentlichkeit erst einmal über das typische Verhalten des Ägypters auf:

„Träge, wie der Araber ist, lehnt er sich gegen jede Gewalt auf, welche ihn zur Thätigkeit zwingt. Er versucht vorerst durch passiven Widerstand seinen Zweck zu erreichen; er thut einfach nicht, was ihm angeschafft worden ist, oder er schiebt seine Arbeit geschickt Anderen zu. Schlagen diese Mittel trotz consequenter Anwendung nicht an, so passt er einen Augenblick ab, wo er ungestraft offenen Widerstand zu leisten zu können glaubt; dann wird er von so unglaublicher Frechheit, dass der kühle Europäer völlig ausser Fassung geräth. Tritt aber dem egyptischen Araber während seiner offenen Auflehnung eine Macht entgegen, welche ihm unwiderstehlich scheint ... so ändert sich die Scene wie durch einen Zauberschlag".[24] Dann täusche er Schwäche vor, fange an zu jammern und bitte um Gnade. Europäer ohne Erfahrung hielten ihn für ein unschuldiges Lamm und dessen Chef für ein Ungeheuer. Die Ägypter hätten ihre Vorwürfe gegen ihren Vorgesetzten in München sogar unter Eid bekräftigen dürfen. Dabei sei die Lüge ihnen, „wenn nicht angeboren, so doch anerzogen". An schlimmsten seien die in Europa „verbildeten Araber". Sie stellten sich meist über jeden europäischen Gelehrten, und träten zuhause als die verbissensten Feinde alles Europäischen auf. „Die egyptischen Verhältnisse sind in Europa schwer zu begreifen. Sie sind grundverschieden von den europäischen und am meisten von den deutschen ... Der Egypter braucht in Europa während der ersten Jahre zwar stets Gerechtigkeit aber auch die grösste Überwachung und eine unnachsichtige Strenge. Eine unbestrafte Auflehnung ist der Ruin eines ganzen arabischen Instituts".[25]

Zwei Kulturen waren mitten in München aufeinandergetroffen, und der Deutsche habe, so der Schreiber, aus Unkenntnis der orientalischen Verhältnisse und des arabischen Charakters, aus Überschwänglichkeit und Menschen- und Gerechtigkeitsliebe, aus Leichtgläubigkeit den urdeutschen Fehler begangen, „aus zarter Rücksicht auf das Fremde, und sei es noch so schlecht, das Einheimische, und sei es noch so gut, fallen zu lassen".[26] Er betrachtet die europäischen Modernisierungsmissionen im Grunde genommen als gescheitert. „Mit Frankreich wurde begonnen. Es ist unserer Ansicht nach das Land, was für die ohnedies eitlen und anmassenden Araber am wenigsten passt, wohin sie aber wegen ihrer

Genusssucht und Frivolität halber am liebsten sich schicken lassen. Später kamen Österreich, Deutschland, England und Italien an die Reihe. Alle diese Missionen haben ein ungeheures Geld gekostet und im Verhältnisse nur unbedeutende Erfolge geliefert".

Man muss die beiden Kulturen, die da in wechselseitiger Umgebung aufeinanderprallten, gar nicht so böse wie vom ungenannten Leserbriefschreiber beschreiben, um zu begreifen, wie es zu dem hässlichen Vorfall gekommen ist. Die europäischen Ärzte bekamen in Ägypten vom Vizekönig wohlweißlich mit dem Titel hoher Beamter oder Militärs eine nahezu unbegrenzte Autorität, sich gegenüber den Medizinstudenten so zu verhalten, wie es in Ägypten üblich ist. Dieselben Studenten, nach Europa versetzt, erkannten bald, dass hier andere Normen gelten und machten sie sich zunutze. Sie akzeptierten die Strafen von zuhause nicht von Autoritäten wie dem armen Obermeyer, der für sie nichts anderes als ein untergeordneter Diener, nach Münchener Verständnis aber ein Exekutor europäischer Regeln war, die an ihn delegiert worden waren. Eine solche Delegierung von Macht nach unten war im System Ägyptens nicht vorgesehen, sie war nicht an die persönliche Autorität eines hohen Beamten gebunden, sie war viel zu abstrakt, während die europäischen Institutionen und die europäische Öffentlichkeit das Strafregime Ägyptens nicht auf ihrem Terrain akzeptieren konnten. Das haben die Studenten schnell begriffen und nutzten es aus. Lautners wohlgemeinter Versuch einer modernen Medizinerausbildung in europäischen Städten konnte nicht gut gehen. Bilharz hat einen solchen Versuch nie unternommen. Er blieb bis zu seinem frühen Tod 1862 am Kasr Al Ainy Krankenhaus in Kairo mit nahezu unbeschränkter Befehlsgewalt gegenüber Kranken und Personal – er war Major und Professor für Anatomie. Und er war ein Spielball europäischer Kolonialinteressen und der Willkür der Vizekönige, eine Quelle für Schädel messende Anthropologen und schließlich und endlich Reisebegleiter für den deutschen Hochadel, was ihm Typhus und den Tod brachte.

Die Methoden der Zoologen und die Widerlegung der Urzeugung

Carl Theodor von Siebold, Adelbert von Chamisso und Carl Vogt als moderne Zoologen

Als Mediziner hatten sie sehr häufig mit Wurmerkrankungen zu tun, die sie nur bei Bandwürmern einigermaßen effektiv behandeln konnten. Als Ärzte und Physiologen wollten sie wissen, welche Zerstörungen der Wurm im Körper anrichtet und wie er dort hineingekommen war. Als Zoologen versuchten sie zu verstehen, wie und wo die Würmer sich vermehren und was aus ihren Eiern wird, die sie in die Umgebung abgegeben. Einer der Ärzte-Zoologen war Carl Theodor Ernst von Siebold (1804–1885), bei dem Bilharz in Freiburg Physiologie und die Methoden zur Untersuchung von parasitischen Würmern gelernt hatte. Ihm hatte Bilharz die Entdeckung des Blasenwurms aus Kairo mitgeteilt, und Siebold sorgte umgehend für die Veröffentlichung der Briefe in seiner *Zeitschrift für wissenschaftliche Zoologie*.

Der erste Mediziner, der einen Generationswechsel zwischen geschlechtlicher und ungeschlechtlicher Vermehrung von Salpen gefunden hatte, den durchsichtigen Manteltieren der Meere, war der den meisten nur als Dichter bekannte Adelbert von Chamisso (1781–1831) (Abbildung 8).

Er hatte diese Beobachtung auf seiner Weltreise 1819 auf Latein veröffentlicht und war ignoriert oder bösartig angegriffen worden.[27] Chamissos poetische Kurzfassung der Generationenfolge kann einen auch wirklich schwindlig machen: „Eine Salpenmutter gleicht nie ihrer Tochter oder eigenen Mutter, wohl aber gleicht sie ihren Schwestern, ihrer Enkelin und Großmutter".[28] Im Tagebuch seiner Weltreise beschreibt er Salpen, diese „durchsichtigen Weichthiere des hohen Meeres" während einer fünftägigen Flaute im Atlantik auf der Fahrt nach Teneriffa. Sein Begleiter Eschholtz und er glaubten zurecht, eine wichtige Entdeckung gemacht zu haben, weil ein und dieselbe Art „sich in abwechselnden Generationen unter zwei wesentlich verschiedenen Formen darstellt; daß nämlich eine einzige freischwimmende Salpa anders gestaltete, fast

Abbildung 8: Adelbert von Chamisso 1831. Wikimedia commons

polypenartig an einander gekettete Jungen lebendig gebiert, deren jedes in der zusammen aufgewachsenen Republik wiederum einzelne freischwimmende Thiere zur Welt setzt, in denen die Form der vorvorigen Generation wiederkehrt. Es ist, als gebähre die Raupe den Schmetterling, und der Schmetterling hinwiederum die Raupe".[29] Chamisso konnte sich auch als Dichter für ungewöhnliche Lebensformen begeistern wie für seinen Schlemihl, einen Mann ohne Schatten (Abbildung 9, S. 30).

Der englische Naturforscher Edward Forbes (1815–1854) nannte die Gegner Chamissos „Schwerköpfige der Wissenschaft" (Siebold, a.a.O., S. 7), wir würden sie heute Betonköpfe nennen. Einer von ihnen war der Berliner Botanikprofessor Julius Ferdinand Meyen (1804–1840), der die Salpenkette für eine zufällige Vereinigung hielt. Ein anderer, der Däne Daniel Frederik Eschricht (1798–1863), der meinte, junge Salpen erzeugten Föten, alte Salpen Fötusketten.[30]

Carl Theodor von Siebold (1804–1885) (Abbildung 10, S. 31) entdeckte während seiner Danziger Zeit als Direktor einer Hebammenschule 1839 den Generationswechsel der Röhrenquallen. Die Embryonen der Aurelia-Meduse wurden nicht wieder Medusen, sondern festsitzende Polypen. Es war ein weiterer Beweis, dass Chamissos Entdeckung eines Generationswechsels bei den Salpen möglicherweise viel häufiger in der Natur anzutreffen ist und bei den sogenannten niederen Tieren vielleicht sogar

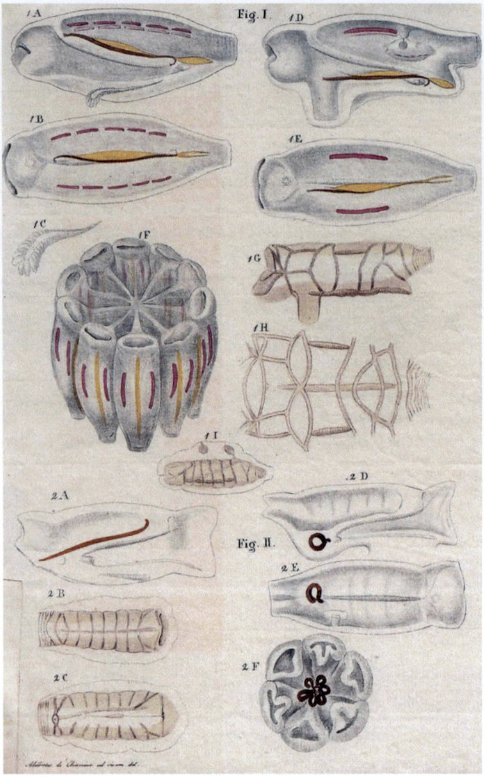

Abbildung 9: Chamisso Salpen. Originalzeichnungen. Die Einzeltiere sind ungeschlechtlich. In den Tieren im Aggregatzustand einer Kolonie entstehen Geschlechtsorgane und Embryonen, die sich wieder zu geschlechtslosen Einzeltieren entwickeln. Fig. I F: In der Kolonie findet eine ungeschlechtliche Vermehrung statt. Keimzellen bilden sich in den Einzeltieren der Kolonie. Fig. I A, B, D, E: Verschiedene Entwicklungsstadien des Einzeltiers innerhalb der Kolonie: Im Einzeltier 1 D ein Embryo. 1 I: Ein junges Einzeltier. Fig. II, A bis F: Entwicklung zum geschlechtsreifen Tier: 2 D männlich, 2 E weiblich. Chamisso-Forum 25.3.2013

die Regel und nicht die Ausnahme sein könnte, bei den Würmern zum Beispiel.

Die Aufklärung der Infektionskette eines parasitischen Wurms mit seiner Kombination von Generations- und Wirtswechsel hat etwas mit einem Krimi zu tun, bei dem der Täter sein Aussehen mehrmals so gründlich verändert, dass er auf seiner Flucht nicht mehr wiederzuerkennen ist. Man musste ihn exakt in dem Augenblick erwischen, in dem er in eine andere Haut schlüpft, in der er auf unbekannten Wegen in einem unbekannten Versteck verschwindet. Man musste ihn viele Male bei seinen Verwandlungskünsten und Versteckspielen auf frischer Tat ertappen. „Wenn man nicht weiß, wonach man sucht, findet es man so gut wie nie." Ein parasitischer Wurm ist schlimmer als der „verlarvte Bösewicht" des E.T.A. Hofmann, der sich nur einmal einer Metamorphose unterzog und immer in derselben Mauer verschwand. Der Wurm entkommt mit

Abbildung 10: Carl Theodor von Siebold. Wikimedia commons

den Verwandlungskünsten seiner Brut einem zielgerichteten eingleisigen Vorgehen. Beizukommen ist ihm nur, wenn er von vielen Seiten eingekreist wird und mehrgleisig ermittelt wird, bis das Puzzle fast von selbst ein vollständiges Bild ergibt. Die Zoologen hätten gerne gewusst, worauf und wo die Jagd eröffnet werden sollte, mussten aber erst lernen, ihre Untersuchungen auf Schafe, Fische, Vögel und Schnecken auszudehnen, ganze Netzwerke in den Blick zu nehmen und mit der richtigen Abfolge klarzukommen. Das heißt, solange niemand auch nur ansatzweise irgendetwas vermuten konnte, war die Untersuchung auf viele mögliche Kandidaten von Tieren und Pflanzen auszuweiten, die als Zwischenwirte oder vorübergehende Verstecke für den nächsten Schritt der Verwandlung in Frage kommen konnten. Es braucht einen deshalb nicht zu verwundern, dass die vollständige Aufklärung des Infektionsweges der Bilharziose erst 65 Jahre nach der Identifikation des Erregers im Menschen gelang. Sie war ein klassischer *cold case* der Kriminologen, der oft erst mit einem neuen Anlauf und mit neuen Methoden erhellt werden kann.[31]

Der Erforscher parasitischer Würmer, Carl Theodor Ernst von Siebold, war so ein Detektiv. Mit seinem Vorgehen zur Identifizierung der komplizierten Folge von Wirts- und Generationswechsel entlarvte er auch die bequemen Spekulationen einer Urzeugung von Lebewesen als Hirngespinste. Siebolds Hauptwaffe war sein Mikroskop. Nur mit ihm könne man Organe von Kleinlebewesen differenzieren, die bei den Wirbeltieren schon alleine durch ihre Lage leicht zu identifizieren seien, wie er in der Vorrede zu seiner vergleichenden Anatomie von 1848 schreibt. Die Masse der neuen Tatsachen sei inzwischen so groß, dass es noch schwer falle, Regeln von Ausnahmen, das Typische vom Unwesentlichen zu unterscheiden.[32] Es ging bei den Wurmparasiten vor allem darum, die Geschlechtsorgane aufzufinden oder ihr Fehlen bei ungeschlechtlicher Vermehrung nachzuweisen. Das war bei den winzigen Tieren der Zwischenformen und der nicht ausgereiften Optik der Mikroskope ein penibles Unterfangen.

Siebold konnte sich bei seinen Untersuchungen vom Begriff des Generationswechsels leiten lassen, der 1842 vom dänischen Naturforscher Japetus Steenstrup (1813–1897) 1842 geprägt worden war.[33] „Niedere Tiere" produzieren als geschlechtsreife Lebewesen Eier, aus denen eine Brut ohne Geschlechtswerkzeuge hervorgeht, die sich nur durch Teilung, Knospung oder Keimkörper vermehrt und erst dann wieder zu einem geschlechtsreifen Tier heranwächst. Steenstrups „Schlüssel" war für Siebold eine Art Dietrich zum Aufschluss der Lebenszyklen der Wurmparasiten von Mensch und Tier.

Er konnte die Würmer mikroskopisch an Hand eines Hakenkranzes unterscheiden, mit denen sie sich am befallenen Gewebe festhielten. Er wusste, dass „von vielen Helminthen, deren wirkliche Geschlechtsorgane eine ungeheure Menge von Eiern enthalten, niemals die Brut und jungen Thiere in der Umgebung der Mutterthiere angetroffen werden."[34] Aber wo sie waren, wusste er in vielen Fällen eben nicht. Zwischenwirte waren nicht bekannt und fälschlicherweise wurden Geschlechtsorgane in den Larven ausgemacht, die keine waren. Nur gemutmaßt und auf wenige Beobachtungen gestützt wurde die Einwanderung von Helminthen durch das Blutgefäßsystem, und einmal hatte Siebold das Glück, eines dieser seltsamen Zwischenwesen zwischen Ei und neuer Wurmgeneration, eine Zerkarie, beim Eindringen in die Haut einer Schnecke zu ertappen.[35] Trotz allen Unsicherheiten verhedderte sich Siebold nicht in einem Geflecht von Mutmaßungen[36] und trennte scharf zwischen Parasiten und den in leichtgläubigen Erzählungen aufgetauchten Pseudoparasiten.[37]

Die die Köpfe seit der Antike beherrschende Urzeugung von Lebewesen *(generatio spontanea)* mit ihrer seit der romantischen Naturphilosophie „gesteigerten Bildungskraft" musste für die wahnwitzigsten Erklärungen herhalten. Diese Bildungskraft konnte sogar Salamander, Frösche und Eidechsen aus dem Nichts hervorbringen, laut Dr. Eugen Höfling aus Fulda im Magen auch Molche.[38] Höflings „Raisonnement“ hat Siebold in seiner verrückten Sammlung nur erwähnt. Es war der Fall einer grazilen 25-jährigen Patientin, die über wochenlange Magenbeschwerden geklagt hatte und erst durch die Behandlung eines Homöopathen einen lebendigen Molch herauswürgte. Höflings Überlegung dazu: „Warum sollte nicht die abnorme Bildungskraft zu einer neuen Regel sich potenziren können, daß sie aus den vielen organischen Elementen und Kräften im Magen ein höher entwickeltes Thier von selbst ohne Zeugung hervorbringen könnte?“[39] Höfling ist auch der Meinung, dass sich Würmer und Insekten „ohne Zweifel spontan im Körper erzeugen“. Der Esslinger Oberamtsarzt und Botaniker Ernst Gottlieb von Steudel vermutete bei einem Krankheitsfall, „daß der betheiligte Patient Salamander oder Froschlarven bei sich haben müsse“. Steudel war nicht einfach ein amateurhafter Liebhaber von Pflanzen. In Esslingen hatte er zusammen mit dem Professor am Lehrerseminar und Pfarrer Christian Ferdinand Friedrich Hochstetter den „Württembergischen Naturhistorischen Reiseverein“, eine Aktiengesellschaft zur Finanzierung von wissenschaftlichen botanischen, mineralogischen und zoologischen Reisen, ins Leben gerufen, die von 1825 bis 1845 bestand und sich durch den Verkauf der mitgebrachten Trophäen an bisher ungekannten Pflanzen, Tieren und Mineralien finanzierte. Einer der bekanntesten Profiteure dieser Unterstützung war Karl Friedrich Schimper (1804–1878), der sich nach mehreren Reisen in Nordafrika schließlich in Tigray niederließ, heiratete und zum Statthalter einer kleinen Provinz ernannt wurde. Die vehementen Vertreter der Urzeugung, die von Bildungskraft schwadronierten, fanden sich also inmitten ernsthafter Wissenschaftler. Urzeugung war kein Volksaberglaube, sondern eine wissenschaftliche Überzeugung, gegen die die modernen Zoologen anzukämpfen hatten.

Abgesehen von der Urzeugung, die unter Siebolds medizinischen Zeitgenossen immer absurdere Blüten trieb, führte der ungewohnte und noch wenig geschulte Blick durch das Mikroskop zu jeder Menge Fehleinschätzungen: Maulbeersamen, Rosinenstengel, Blasenmole (Ei, das sich nicht zum Foetus entwickelt), Samenschlauch vom Tintenfisch, Fragmente eines Kopffüßerdarmes und flimmernde Muschelfragmente wurden zu den Würmern gerechnet und bekamen sogar eigene Namen.[40]

Pseudoparasiten entstehen im Kopf und nicht in der Natur. Sie sind Ergebnis eines Kurzschlusses zwischen zwei Beobachtungen nach dem Muster „wenn – dann", das Siebold bei Blasenwürmern demonstriert: „Ich glaube übrigens, daß man sich in vielen Fällen auch ganz unnütze Mühe giebt, sich das Hineinschlüpfen der Fliegenlarven in die Harnwege erklären zu wollen, da sie vielleicht niemals darinnen gewesen sind. In mehreren Fällen, in welchen Aerzte über sogenannte Urinwürmer berichten, hat sich später ergeben, daß leichtgläubige Aerzte theils absichtlich hintergangen worden waren, theils irrthümlich Würmer, welche zufällig in den gelassenen Urin gerathen waren, als mit dem Harne wirklich abgegangen betrachtet hatten".[41] Und: „Bei der Verborgenheit, in welcher die meisten Thierschmarotzer leben, bei den sonderbaren Gestalten, welche dieselben häufig darbieten, konnte es nicht fehlen, daß immer neue und neue Formen aufgefunden wurden, was den Trieb des Menschen, etwas Neues, noch nie Dagewesenes an's Tageslicht zu bringen, nur noch mehr anfeuerte, nach Schmarotzern zu suchen und herumzustöbern. Es konnte bei diesem Streben nach dem Ruhme, ein neues Thier, einen neuen Helminthen entdeckt zu haben, nicht ausbleiben, daß viele Übereilungen und Täuschungen begangen wurden".[42]

Schnellschüsse waren nicht Siebolds Sache. Er war geduldig und hartnäckig und machte in Breslau zum Beispiel Versuche, die die vermutete Entstehung einiger Bandwürmer aus „Blasenwürmern" klären sollten. Als Blasenwurm *(Cysticercus)* wurde nicht etwa ein Wurm in der Blase, sondern das Finnenstadium eines Bandwurms bezeichnet. Eine Finne ist eine dünnwandige Blase in einem Zwischenwirt, in dem die Larven eines Bandwurms heranwachsen Die Finne wird vom Endwirt gefressen, in dem die Entwicklung zum Bandwurm abgeschlossen wird.[43] Interessant ist Siebolds methodisches Vorgehen, um eine Hypothese des Infektionsweges zu verifizieren. Durch Fütterung von Finnen mit ihren Larven aus der Leber von Kaninchen an junge Hunde unter Kontrolle von Temperatur, Verfolgung der Finnen durch den Magendarmkanal und Beobachtung der Bildung des Hundebandwurms über mehrere Tage konnte er die Infektionskette aufklären.[44]

Die Finnen eines weiteren Hundebandwurms waren für die Drehkrankheit der Schafe verantwortlich. Die Schafe waren Zwischenwirt, in dem sich die Larven ungeschlechtlich in der Finnenblase vermehrten. Siebold arbeitete mit den bekannten Schafzüchtern Hermann Graf von Schwerin und Robert Carl Gadegast zusammen und kam mit seinen Hunden, die die Finnen fressen sollten, aufs Land.[45] Er verhielt sich dabei wie Aristoteles, den Siebold in einem Vortrag über Jungfernzeugung (Parthenogenese) mit dessen Arbeiten über Fische und Bienen gegen die Betonköpfe unter den Zoologen über den Klee lobt. Aristoteles hatte bemerkt, dass Seebarsche immer nur Eier enthalten, es also keine männlichen Seebarsche gab (die Hoden hatte er nicht gesehen, die Seebarsche waren Zwitter). Er kannte eine ganze Reihe von sterilen Süßwasserfischen wie den Laimer, einen unfruchtbaren Karpfen. Er wusste durch intensiven Kontakt mit Bienenzüchtern, dass die Drohnen aus unbefruchteten, die Arbeitsbienen aus befruchteten Eiern entstehen: „Die Bienen erzeugen ohne Begattung Drohnen", denn sie entstehen auch in den Stöcken ohne Königin. Aristoteles musste einen sehr engen Kontakt mit Fischern und Bienenzüchtern gehabt haben. Er sagt, so Siebold, in *Von der Erzeugung und Entwicklung der Thiere* über die merkwürdige Geschichte der Bienen: „man muß der Beobachtung mehr Glauben schenken als der Theorie, und dieser letzteren nur dann glauben, wenn sie zu den gleichen Resultaten führt wie die Erfahrungen".[46]

Solche Erkenntnisse waren vielen Zoologen unangenehm, sie störten ihr so wunderbar vernünftiges System, das sich immer noch irgendwie mit der biblischen Schöpfungsgeschichte vereinbaren ließ. In einem Brief an einen ungenannten Geheimrat aus Breslau vom 2. 2. 1851 sagt Siebold, er wolle erreichen, dass die Zoologen „mehr als bisher geschehen, der Naturgeschichte, der Anatomie und Physiologie der Tiere ihre Bestrebungen zuwenden möchten, da das bloße Systematisieren, das Aufstellen von neuen Gattungen und Spezies doch allein nicht die Wissenschaft der Zoologie ausmacht".[47]

Als abschreckendes Beispiel hat er den Göttinger Professor Rudolph Wagner vor Augen, der in den *Göttinger gelehrten Anzeigen* vom 20. und 23. April 1857 geschrieben hatte. „Durch diese Parthenogenesis sei leider eine der allerunbequemsten und der Hoffnung auf sogenannte allgemeine Gesetze der thierischen Lebenserscheinungen widerwärtigsten Thatsachen in die Physiologie eingeführt worden. Erfreulich oder besonders aufmunternd für die Lobpreisung unserer gerühmten Fortschritte in der theoretischen Erkenntniß der Lebensprocesse kann es unmöglich sein, und aufrichtig gesagt, kann ich mich eigentlich so wenig darüber freuen, als es der Fall bei einem Physiker sein würde, wenn plötzlich

Abbildung 11: Rudolph Wagner.
Public Domain

Abbildung 12: Carl Vogt 1848.
Public Domain

ein oder mehr Ausnahmefälle von den Gravitationsgesetzen entdeckt würden.“[48]

Der von Siebold als ein Vertreter der biblischen Abstammungslehre und althergebrachter zoologischer Systematik zitierte Rudolph Wagner (1805–1864) war Professor für Zoologie, Physiologie und vergleichende Anatomie in Göttingen (Abbildung 11). Er spielte im Materialismusstreit eine zentrale Rolle, was ihn für Carl Vogt (1817–1895) zur bevorzugten Hassfigur unter den Zoologen machte (Abbildung 12).

In seinen Zoologischen Briefen von 1851 hat Vogt die Entwicklung der zoologischen Systematik nach Linné noch als „trockenes Formelwesen“ angeprangert, mit dem er als Anthropologe wenige Jahre später erneut liebäugeln wird:

„Während für Linné das System und dessen methodische Anordnung nur ein Mittel gewesen war, so wurde es seinen oft geistlosen Nachfolgern meist Zweck, und ihre Classificationen, statt die Gesammtorganisation der Thiere im Auge zu behalten, klammerten sich oft ängstlich an untergeordnete äussere Merkmale an. Ein trockenes Formelwesen breitete sich immer mehr und mehr in der Wissenschaft aus und drängte das frische Leben zurück, welches unter Linné's Anregung das System durchströmt hatte".[49]

Vogt sah in den neuen Methoden der Zoologie endlich ein Mittel, dem ängstlichen Klammern an untergeordnete äußere Merkmale zu entkommen, denn es gab auch diejenigen, „welche besonders auf das Leben und Verhalten der kleinern Thiere ihre Aufmerksamkeit richteten und mit unendlicher Geduld die Sitten und den Haushalt derselben studirten. Réaumur, Rösel, de Geer etc. beschäftigten sich besonders mit diesen zeitraubenden Beobachtungen und lieferten dadurch den Systematikern vortreffliche Grundlagen zu späterer Verbesserung ihrer Gebäude und Fachwerke".[50] Geduldige Beobachtung des Lebens und Verhaltens der Tiere und ihres Stoffwechsels, vergleichende Anatomie der Wirbellosen als Grundlage für ihre systematische Einordnung wurde zum bevorzugten Forschungsobjekt der mit Mikroskopen arbeitenden jüngeren Zoologen, die ihre Grundlagen im Laufe eines Medizinstudiums gelegt hatten. Die dabei entdeckten ungewöhnlichen Formen der Vermehrung, der Jungfernzeugung, des Generationswechsels, der Existenz von Zwittern, von sterilen Fischen passten nicht mehr zur einmaligen Artenschöpfung Gottes und seiner Aufforderung zur geschlechtlichen Vermehrung. Für Vogt war nach dem Scheitern der 48er-Revolution der regelbrechende Generationswechsel ein willkommener Anlass für eine bittere Politsatire.

In seinen *Untersuchungen über Thierstaaten* von 1851 werden Austern, Polypen, Salpen und Band- und Blasenwürmer zur Charakterisierung staatlicher Macht und ihrer Politiker herangezogen. Niedere Tiere bereiten sich auf den gewaltsamen Umsturz von parasitären Raubstaaten vor. „Die jugendlich umherschwärmenden Austern, die einen neuen Staat (Bank von den Geldmenschen genannt) gründen wollen, werden sich niemals vermessen, ihn auf alte mächtige Austernstaaten, auf bestehende Polypen-Phalansterien (Produktions- und Wohngenossenschaften des Frühsozialisten Fourier, H.V.), auf lebenskräftige Wurm-Raubstaaten zu gründen – sie suchen einen frischen Boden aus, da ihnen die Mittel fehlen, ihn zu erobern".[51] Schon Chamisso hatte die Salpenkolonien nach der Niederlage Napoleons und in einem ständestaatlichen Umfeld als Republik bezeichnet (Abbildung 13, S. 38).

Abbildung 13: Salpenkolonie. Wikimedia commons

Und weiter Vogt:
„Die Naturforschung wird bei künftigen Staatsgestaltungen innerhalb der Menschheit in ihr natürliches Recht eingesetzt werden. Der strebende Kopf kann jetzt nur nach zwei Seiten hin seine Thätigkeit entfalten, nach der friedlichen Organisation hin oder nach dem gewaltsamen Umsturz. Die Erstere beherrscht der Naturforscher, die Letztere der Krieger. Deutsche Jünglinge, die Ihr für die Einheit und Freiheit Eures Vaterlandes wirksam und thätig sein wollt, Ihr dürft nur Zoologen oder Soldaten werden. Auf allen andern Wissenschaften ruht der Fluch der Unfruchtbarkeit – nur wenn die junge Generation mit dem Schwerte in der einen und dem Codex der Thierverfassungen in der andern Hand auf den Kampfplatz tritt, wird die neue Zeit siegen können. Wir glauben deshalb jetzt noch an keine Revolution. Manteuffel kann ruhig auf dem von der Gothaer Partei gemachten Bette schlafen – die demokratischen Wühlmäuse werden ihm nicht das Stroh unter dem Leibe zernagen. Die revolutionären Zoologen und die revolutionären Feldherren gehen eben noch in die Schulen und Cadettenhäuser – man wird warten müssen, bis ihre Erziehung vollendet ist“.[52] Otto Theodor Freiherr von Manteuffel (1805–1892) war als preußischer Ministerpräsident der Kopf der

Reaktion auf die 48er-Revolution. Die „Gothaer Partei" ist das Gothaer Nachparlament vom Juni 1849 mit 149 liberalen Abgeordneten, die einer Bundesverfassung mit starken föderalen Elementen zustimmten. Vogts beißende Kritik in den Thierstaaten war politisch hochaktuell und zoologisch auf der Höhe der Zeit.

Er war als verfolgter Hochverräter nach Bern zu seinen Eltern geflohen und untersuchte zwischen Herbst 1850 und Frühjahr 1852 in Nizza selbst Röhrenquallen und Salpen der Mittelmeerküste.[53] Er machte das, was alle modernen Zoologen faszinierte. Beim Anthropologen Vogt wird von seiner zoologischen Methodik nicht mehr viel übrig bleiben.

Die neuen Methoden der Zoologen führten schließlich auch zur Aufklärung des Entwicklungszyklus des von Bilharz entdeckten Blasenwurms. Sie hat 65 Jahre gedauert und war von zahlreichen Misserfolgen begleitet, bis ein erweiterter methodischer Ansatz unter dem Druck des Ersten Weltkrieges den Durchbruch brachte.

Die weitere Aufklärung der Infektionskette der Schistosomiasis

Der Wurm, den Bilharz als Ursache für die chronischen Blasenblutungen identifiziert hatte, war ein bis zwei Zentimeter langer Pärchenegel (Schistosoma), ein Saugwurm (Trematode), beim dem das längere Weibchen in einer Bauchfalte des Männchen lebt und große Mengen Eier mit einem charakteristischen spitzen Haken produziert. Die Pärchenegel werden fünf bis 30 Jahre alt und verbreiten sich im Körper durch das Venensystem, meist durch die Pfortader der Leber und durch die Blasen- und Bauchfellvenen. Nur ein Teil der Eier wird mit dem Stuhl oder dem Urin ausgeschieden. Die übrigen haken sich mit ihrem spitzen Fortsatz im Gewebe fest und verursachen lokale chronische Entzündungen mit bindegeweblichen Umwandlungen in Leber, Darm und ableitenden Harnwegen. Das hatte schon Bilharz erkannt. Aber was wird aus den Eiern, die ins Freie gelangen? Und wie kommt der Wurm in den Menschen? Ohne ein solches Wissen ist eine wirksame Prävention unmöglich (Abbildung 14, S. 40).

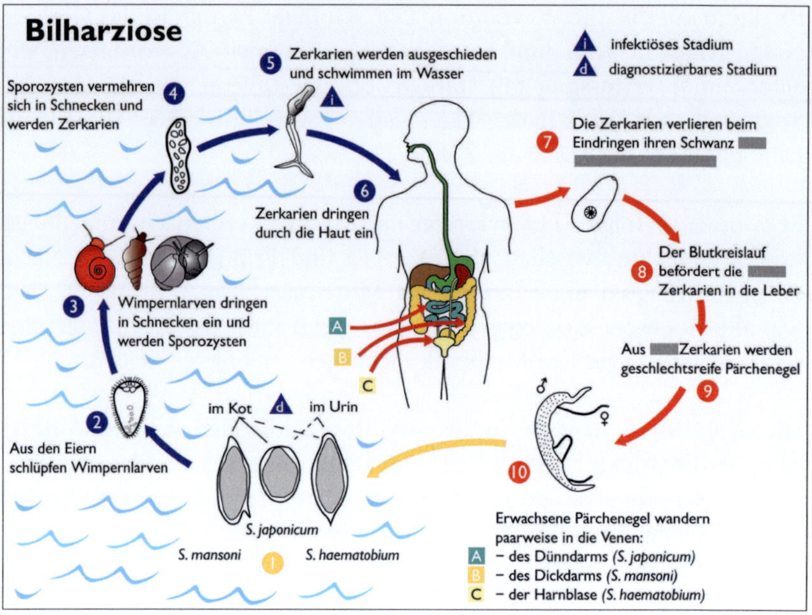

Abbildung 14: Bilharziose (Schistosomiasis). Generationswechsel. Dargestellt sind die Eier der drei verschiedenen Formen einer Schistosomiasis. S. haematobium ist das charakteristische Ei der Bilharziose mit einem spitzen Stachel an einem Ende. Aus den Eiern schlüpfen im Wasser Wimpernlarven, sog. Mirazidien (2). Sie besitzen vorne einen Penetrationsapparat, mit dem sie in Schnecken unter Verlust der Wimpern eindringen, sie haben Augen, Gehirn, Keimballen aus Urkeimzellen und statt eines Darms eine entwicklungsgeschichtlich frühe Form von Nieren, die Protonephridien. In der Schnecke (3) verlieren die Mirazidien ihre Augen und wachsen zu Sporozysten heran. Aus den Keimballen werden Redien, die die Sporozyste verlassen und in den Mitteldarm der Schnecke wandern. Die Redien haben bereits ein kompliziertes Zentralnervensystem, besitzen Mund, Darm und Speicheldrüsen, weiterhin die Protonephridien und jetzt eine Geburtsöffnung. Im Darm der Schnecke werden aus Redien Zerkarien (4), die ausgeschieden werden und im Wasser schwimmen. Die Zerkarie hat einen Saugnapf, einen Schwanz und bis auf die Geschlechtsorgane alle Organe des späteren Wurms (5). Die Zerkarien verlieren beim Eindringen durch die Haut des Endwirts Mensch ihren Schwanz (6 und 7) und werden noch in der Haut zur juvenilen Form des Wurms (Schistomulum). Circa drei Tage nach der Infektion erreicht er das Blutgefäßsystem, in dem er sich durch die Pfortader der Leber und das Kapillarsystem der Lungenvenen und durch die Arterien des Bauchraums bis zu hin zu den Darm- und Blasenvenen in einem Kreislauf, der mehrere Male absolviert werden kann, weiter verbreitet,

sich mit seinem Saugnapf an den Gefäßwänden festhält und von Blut ernährt. Dabei verdoppelt die Jugendform des Wurms innerhalb von zwei Wochen sein Gewicht. Die Partnersuche findet in der Pfortader der Leber statt, von wo die Würmer als Pärchenegel an den Ort wandern, an dem sie ihre Eier produzieren. Der Generationswechsel ist nicht nur wegen des Wechsels von geschlechtlicher und ungeschlechtlicher Vermehrung faszinierend, sondern auch wegen der komplizierten Abfolge der Organentwicklung in einer Reihe völlig verschiedener Individuen. Es ist deshalb nicht verwunderlich, wenn frühe Beobachter daraus voneinander unabhängige Arten gemacht haben. (Wikimedia commons) *An den gekennzeichneten Stellen erfolgte eine Korrektur der fehlerhaften Darstellung von zwischengeschalteten Metazerkarien, die es bei der Bilharziose nicht gibt. (H. V.)*[54]

Von anderen Saugwürmern wusste Siebold, dass die Infektion des Endwirts durch Zerkarien erfolgt, das sind Larven mit Schwänzen, die in Schnecken in „Zerkarienschläuchen" gebildet werden, und er konnte 1844 durch die Beobachtung an einem Wurm, der Wasservögel befällt, nur ahnen, wie die Schnecken infiziert worden sind: durch „eine Art von Infusorien mit einem Flimmerepithelium".[55] Die Annahme einer Urzeugung sei also auch hier nicht erforderlich. Siebold hat die heute so genannten Mirazidien beobachtet, deren Embryonen im Ei heranwachsen und nach Durchstoßen der Eihülle als Flimmerlarven im Wasser schwimmen. Sie enthalten unbefruchtete Stammzellen, die sich nach Eindringen in einen Zwischenwirt (Schnecke) unter Verlust der Flimmerhaare zu einer Sporozyste, einem Muskelsack mit Keimzellen entwickeln. Durch Vermehrung der Keimzellen platzt der Sack, und es bilden sich in der Schnecke zahlreiche Tochtersporozysten, in denen die Umwandlung zu Zerkarien-Embryonen erfolgt. Aus einer einzigen Mirazidie können durch die zwischengeschaltete ungeschlechtliche Vermehrung in den Tochtersporozysten bis zu 100 000 Zerkarien entstehen, die sich im Wasser auf die Suche nach einem Endwirt begeben. Die ungeschlechtliche Vermehrung mit Hilfe der Sporocysten führt zu einem enormen Anstieg der Individuen, von denen die allermeisten niemals einen Endwirt finden werden und zugrunde gehen. Das Eindringen von Zerkarien unter Verlust ihres Schwanzes in ein Insekt als Endwirt hat Siebold schon sehr genau beschrieben.[56] Die Zerkarien haben Mund, Darm und Nervensystem, aber keine Geschlechtsorgane. Diese entstehen erst im Endwirt während der Entwicklung zum geschlechtsreifen Wurm.[57] Nach drei Tagen sind die Zerkarien von der Haut des Endwirts in die Venen, vor allem über die Pfortader zur Leber und über die unteren Bauchfellvenen in die Blase und den gesamten Dickdarm gelangt.[58]

Das alles blieb 65 Jahre lang trotz einiger hartnäckiger Anläufe verborgen. Die Suche nach dem Zwischenwirt blieb ohne Ergebnis, obwohl von Anfang an Schnecken des Nils verdächtigt worden waren. Die Detektive hatten ihre Nachforschungen jedoch nicht breit genug angelegt, die Zahl der Verdächtigten unzulässig eingeschränkt und aus negativen Ergebnissen falsche Schlüsse über den Infektionsweg gezogen.

Es war natürlich aufgefallen, dass Mädchen, die nicht badeten, fast nie von Bilharziose befallen wurden, während Jungen und Männer, die im Wasser stehend auf den Feldern arbeiteten, in hohem Maß betroffen waren. Die Infektion musste also über das Wasser erfolgen. Doch wie? Griesinger hatte 1854 angenommen, dass die Jugendformen des Wurms vielleicht in verdorbenen Fischen, die die Fellachen als Delikatesse verspeisen, oder auch in Brot, Getreide und Datteln zu finden sein könnten.[59] Wenn er länger in Ägypten geblieben wäre, hätte er den Weg des Wurms in den menschlichen Körper aufzuklären versucht, aber nach den Arbeiten von Siebold zum Generationswechsel der Trematoden war Griesingers Spekulation nicht mehr hilfreich.

Ein Allgemeinarzt in Südafrika, J. Harley, vermutete in seinem ersten Report über Bilharziose südlich der Sahara 1864 zwei Zwischenwirte vom Miracidium, der aus dem Ei geschlüpften geschlechtslosen Flimmerlarve, bis zum geschlechtsreifen Wurm. Da das Miracidium perfekt an ein Leben im Wasser angepasst sei, kämen Mollusken (Schnecken) als Zwischenwirte in Frage, in denen sich die Zerkariensäcke entwickeln könnten.[60] Das war eine Erfolg versprechende Hypothese, die 30 Jahre lang nicht weiter verfolgt wurde. Schließlich machten sich gleich drei Forschergruppen nach Nordafrika auf den Weg: der Pisaner Parasitologe Sonsino, die Lyoner Professoren Lortet und Vialetton im Auftrag der französischen Regierung und Dr. Loos, der Assistent des Helminthologen Leuckart in Leipzig. Keinem von ihnen gelang ein Durchbruch.

Prospero Sonsino (1835–1901) glaubte zunächst, eine kleine Muschel als Zwischenwirt ausfindig gemacht zu haben, korrigierte sich aber ein Jahr später kommentarlos, als er Zerkarienlarven in einer Nadel-Kronenschnecke *(Melania turberculata)* fand.[61] Der dazu gehörige parasitische Wurm ist *Trichobilharzia ocellata,* der normalerweise Wasservögel befällt, aber auch als Fehlwirt den Menschen und dort die Zerkariendermatitis auslöst, eine bloße Reizung der Haut ohne Eindringen in den Körper. Sonsino war damit der Bilharziose so dicht auf den Fersen wie keiner vor und lange keiner nach ihm – ohne es als bedeutenden Fund in Richtung Bilharziose zu bewerten. Die auf Italienisch erfolgte Veröffentlichung im Bulletin der geografischen Gesellschaft Italiens trug sicher nicht zur Verbreitung seiner Entdeckung bei.[62] Sonsino war zunächst praktischer Arzt in der Türkei und in Florenz, ging von 1873–1885 als Tierarzt nach Ägypten und machte seine helminthologischen mikroskopischen Untersuchungen am Khedi-Laboratorium in Kairo.[63]

Louis Lortet (1836–1909) und Louis Vialetton (1859–1929) aus Lyon hatten 1894 in einem Aquarium mit Nilwasser, mit Schnecken und mit Eiern des Blasenwurms und einem feinen Netz aus Seide keine Mirazidien und Zerkarien herausfiltern können.[64] Alle Eier hatten sich nicht zu Embryonen der Mirazidien entwickelt und waren abgestorben – ein missglücktes Experiment, das sie zwei Jahre lang mit leichten Abwandlungen und acht verschiedenen Schnecken wiederholten. Die Mirazidien waren nicht leicht zu finden. Sie sind nur etwas über 0,1 mm (110 µm) groß.[65]

Einen schwerwiegenden, die weitere Forschung lähmenden Trugschluss zog Arthur Looss (1861–1923), ein Schüler des damals weithin bekannten Anatomen und Physiologen Friedrich Leuckart (1794–1843) aus Freiburg. Da er 1896 als Professor für Biologie und Parasitologie an der Medizinschule von Kasr-el-Ainy in fünf Schnecken und in einer Körbchenmuschel keine Zerkarien gefunden hatte, schloss er Schnecken als Zwischenwirt kategorisch aus und nahm nun an, dass der Embryo vom Wasser direkt in den Menschen gelangt und sich dort und nicht in einer Schnecke zur Sporozyste weiterentwickelt. Er hatte auch Versuche mit Insektenlarven und auf seinen Reisen mit etwas wahllos gesammelten Schnecken gemacht, und aus der großen Zahl negativer Ergebnisse die Sicherheit eines wenig wahrscheinlichen Infektionsweges gewonnen.[66] Wie beim Grubenwurm *(Ankylostoma duodenale)* die fadenförmigen Larven, für dessen Aufklärung des Infektionsweges er weltweit gefeiert worden war, sollten die Mirazidien-Larven der Bilharziose durch die Haut des Menschen eindringen und sich in der Leber zu Sporozysten entwickeln. Analogieschlüsse sind nicht immer hilfreich, wenn ein Übeltäter seine Wege und Verstecke geschickt kaschiert und in immer neue Verkleidungen schlüpft, und bei den einfallsreichen parasitische Würmern eine garantierte Falle, wenn eine direkte Beobachtung nicht gelingt.

Erst der Ausbruch des Ersten Weltkrieges brachte in einer groß angelegten Offensive den Durchbruch. Arthur Looss hatte auf Anweisung der Briten innerhalb 24 Stunden Kairo zu verlassen, seine Bibliothek und das reichhaltige wissenschaftliche Material wurden konfisziert und dienten nun seinen britischen Nachfolgern als Grundlage für ihren aufwendigen Forschungsansatz.[67]

Es war ausgerechnet ein Student von Looss an der Medizinschule von Kairo, der Tropenmediziner und Helminthologe Robert Thomson Leiper (1881–1969), der im Auftrag der Royal Army einen Versuch wagte. Der Kriegsminister und Hochkommissar für Ägypten, Lord Kitchener, hatte schon 1913 beklagt, dass hunderte von Soldaten durch Bilharziose zeitweilig oder für immer in Pension geschickt werden und dafür rund 11 000 £ jährlich bezahlt werden müssten.[68] Die Gefährdung der Soldaten konnte so nicht weitergehen, die schon lange bestehende Gefährdung der Bevölkerung war für Lord Kitchener, der Ägypten seit 30 Jahren kannte und fließend arabisch sprach, nicht der Anlass zur Intervention..

Leiper zeigte zunächst, dass nur ein Bruchteil der durch den französisch-algerischen Zoologen Paul Maurice Pallary (1869–1942) bekannten 50 Mollusken (Schnecken) Ägyptens von den bisher genannten Forschern untersucht worden waren: von Sonsino neun, von Looss acht, von Lortet und Vialetton nur vier. Leiper wollte nun das gesamte Spektrum abdecken und ließ mit seinen Helfern nicht locker, bis er alle 50 bekannten Schnecken gefunden hatte.

Statt wie seine Vorgänger im Nilwasser nach Mirazidien und Zerkarien zu fischen, isolierte er die Schnecken nach Arten und brachte eine oder mehrere in ein Glas mit klarem Wasser und wartete, bis sie eventuell Zerkarien entließen. Diese wurden mikroskopisch analysiert und den schon bekannten Würmern eines Endwirts zugeordnet. Dann wurde die betreffende Schnecke seziert, um die Vorstadien der Zerkarien nachzuweisen: Sporocysten, Redien – das sind die stabförmigen Tochtersporozysten aus den Keimballen der Mirazidien – und unreife Zerkarien. Diese Prozedur wiederholte er an 3300 Schnecken. Dabei fand er vier

Schnecken, die Zwischenwirte für 19 verschiedene Zerkarien waren.[69] Die Zerkarien der Bilharziose haben geteilte Schwänze und waren gut von anderen zu unterscheiden. Diese Schwänze werden kurz vor dem Eindringen in die Haut des Endwirts – bei der Bilharziose vor allem der Mensch – abgeworfen.

Der nächste Schritt zur Klärung der Entwicklung bis zum Wurm waren Infektionsversuche.[70] Es wurde angenommen, dass Mensch, Rind und Ente als Endwirte für drei Formen von *Schistosomum* (die neue Bezeichnung für den Bilharzioseerreger) in Ägypten in Frage kämen, und es war nicht einfach, in der natürlichen Umgebung dafür zu sorgen, dass die Endwirte nicht schon vor den Versuchen Kontakt mit Zerkarien hatten. Diese Versuchstiere wurden einem stark mit Zerkarien belasteten Wasser ausgesetzt. Dann wartete man die Entwicklung der Würmer in den Tieren ab. Für eine sichere Zuordnung mussten die Würmer im Endwirt erst die sehr charakteristischen Eier von Schistosomum produzieren. Sie tragen an ihrem Ende einen Dornfortsatz, der sich in die getroffenen Gewebe von Venen, Darm und Blase hineinbohrt, sie verankert und so die chronischen Gewebsreaktionen (Granulome) hervorruft. Die Entwicklung bis zum Ei, das mit dem Urin des Endwirts ausgeschieden wird, dauerte in Leipers Experiment sechs bis acht Wochen. Endwirte in den Experimenten waren Mäuse, Ratten, Ziegen, Enten, Hühnchen, Krähen und Bachstelzen. Die Vögel blieben alle negativ, eine schwarze Maus und eine weiße Ratte waren positiv und starben bald an Leber- und Bauchfellvenenwürmern. Sie starben, bevor die Würmer geschlechtsreif geworden waren, aber es gelang, geschlechtsreife Würmer in denen zu finden, die sieben bis acht Wochen überlebt hatten, und ihre Eier als Bilharzioseeier zu identifizieren. Weitere Experimente machte Leiper mit Mangaben (einer Affenart), mit der ägyptischen Wüstenratte und dem Guinea-Schwein. Sie wurden kurz vor Abreise noch in Ägypten infiziert und hatten bei ihrer Ankunft in England ausnahmslos alle enorme Mengen von Würmern in der Pfortader.

Die systematische Erfassung der Schnecken war die Grundlage für den Erfolg. Die Isolierung dieser Schnecken in Gefäßen mit klarem Wasser, statt im trüben Nilwasser zu fischen, ermöglichte die Zuordnung der Zerkarien zu einem bestimmten Zwischenwirt, und die Fütterungsversuche die Entdeckung weiterer möglicher Endwirte, die für die Verbreitung der Eier verantwortlich gemacht werden könnten. Es folgte die Beobachtung der Attraktion der Mirazidien durch einige Wasserschnecken, unter denen auch die später klar als Zwischenwirt für *Schistosomum* identifizierte Tellerschnecke *Bulinus species* war. Mit diesem Wissen über die in sich geschlossene Infektionskette war es nun möglich, Strategien zur Verhinderung der Ausbreitung der Bilharziose zu entwickeln und die Orte aufzusuchen, an denen die als Zwischenwirte identifizierten Schnecken lebten.

Mehrere Vernichtungswellen brachen über die Wasserschnecken herein. Die erste 1926 mit Brechweinstein und Kupfersulfat, die zweite 1953 mit Pentachlorphenaten (PCB), die dritte 1961 mit Niclosamid und nach dem Bau des Assuan-Staudamms mit Metrifonate.[71] Wenn sie mal nur die Schnecken getötet hätten, aber sie zerstörten auch Algen und Wasserpflanzen, der resultierende Sauerstoffmangel Fische. PCB, inzwischen verboten, wird durch Haut und Lunge vom Menschen aufgenommen und ist krebserregend, und es tötet Fische, Niclosamid tötet Garnelen, die Schnecken fressen, und Kupfer lagert sich im Sediment ab. Metrifonate, inzwischen in vielen Ländern verboten, tötet auch viele Insekten.

Chamisso hatte recht. Alles hängt mit Allem zusammen. Der Tunnelblick sieht die Schnecken als zentralen Akteur im Netz der Parasiten und blendet die Nahrungskette der Schnecken aus. Sie sind Allesfresser, halten in Gewässern Algen und Wasserpflanzen im Gleichgewicht, beseitigen Abgestorbenes, genau wie Garnelen. Gefressen werden die Schnecken von Fischen, Vögeln und Garnelen, und sie fressen sich auch gegenseitig.

Mit dem Medikament Praziquantel, das seit 1980 im Einsatz ist, steht jetzt nicht mehr der Zwischenwirt Schnecke, sondern der Endwirt Mensch im Mittelpunkt der Bekämpfung der Schistosomiasis.

Die Methoden der Anthropologen und die Wissenschaft vom Vorurteil

Carl Vogts Metamorphose zum Anthropologen

Bevor ich den Werdegang Carl Vogts vom wissenschaftlichen Zoologen zum rassistischen Anthropologen verfolge, zur Erinnerung sein ursprünglicher Standpunkt zur Arbeit eines modernen Zoologen. Er hat ihn in seinen Zoologischen Briefen 1850 nach seiner Flucht aus Deutschland in Bern für „Lehrer, höhere Schulen und Gebildete aller Stände" zu Papier gebracht. Mich interessiert, wie es dazu kommen konnte, dass ein studierter Mediziner, Chemiker und Professor für Zoologie, der sich derart kämpferisch für eine wissenschaftliche Herangehensweise an die Erscheinungen der Natur einsetzte und in seinem Fach herausragende Arbeit geleistet hat, bei der Verbindung des Menschen mit dem Stammbaum der Tiere seine Überzeugungen von Wissenschaftlichkeit bis zur Unkenntlichkeit relativierte. Vogt steht hier für viele Ärzte, die sich einer Klassifizierung des Menschen nach höher- und minderwertigen Rassen verschrieben und dabei ihre in einer modernen Zoologie geltenden strengen wissenschaftlichen Maßstäbe über Bord geworfen haben:

„Die Zoologie begnügt sich nicht mehr mit jenen Kenntnissen, die die *systematische Zoologie* bilden, sie bleibt nicht mehr bei Haaren und Zähnen, Klauen und Federn, Beinen und Kiemen stehen, zufrieden Kennzeichen entdeckt zu haben, welche die Einreihung in das System möglich machen; sie verlangt von der *vergleichenden Anatomie* die Zerlegung des Thierleibes, die Kenntnis der einzelnen Organe und ihrer feinern Structur, von der *vergleichenden Physiologie* die Ergründung der Functionen, welche diese Organe ausüben und der Art und Weise, wie diese verschiedenen Functionen zu einem Ganzen zu der Erhaltung des Lebens zusammenwirken; sie will durch die *vergleichende Entwicklungsgeschichte* erfahren, welche Reihe von Umwandlungen jedes Thier durchlaufen muß, welche verschiedenen Formen es nacheinander annimmt, bis es das Ziel seines Lebens erreicht hat ...".[72]

In die Sprache von Kriminalisten übersetzt, die sich mit Indizien auf die Spur eines Verbrechens begeben, könnte Vogts Statement etwa so lauten: Lasse dich nicht durch äußere Erscheinungen wie Haare und Zähne in die Irre führen, begebe dich auf die beweiskräftige Spurensuche von Blutgruppe, Speichelanalyse und Fingerabdrücken, achte auf den Ablauf des Geschehens und auf seinen Beginn, der weit in der Vergangenheit zurückliegen kann. Rechne mit zahllosen Überraschungen, die den Aufenthaltsort, die verschlungenen Wege des Täters und die Vorbereitungszeit des Verbrechens betreffen. Nur das justiziable Ergebnis zählt. Ein erfolgreiches Beispiel einer solchen Investigativmethode ist der beschriebene Entwicklungszyklus des Pärchenegels der Bilharziose. Verschiedene Funktionen zur Erhaltung des Lebens des parasitischen Wurms hatten in einem komplizierten Ablauf zu einem Ganzen zusammengewirkt, wie das Vogt im obigen Zitat formulierte. Alle Erklärungsversuche, die ohne Schnecke auskommen wollten, mussten an ihren eigenen Widersprüchen scheitern, denn es fehlte ihnen ein unumstößlicher Beweis.

Was ist von einer solchen Arbeitsweise des Zoologen Vogt beim Anthropologen Vogt übrig geblieben? Verfolgen wir Schritt für Schritt seine Metamorphose von einem wissenschaftlichen Zoologen zu einem freihändig spekulierenden Anthropologen.

Vier Jahre nach seinen zoologischen Briefen, als Professor für Geologie an der Akademie von Genf, erschien seine Streitschrift *Köhlerglaube und Wissenschaft* gegen seinen Lieblingsgegner, den Göttinger Professor Rudolph Wagner, der sich auf Vogt wegen dessen materialistischer Grundhaltung in vielen Veröffentlichungen eingeschossen hatte. Vogt betrachtete Wagner als einen besonders üblen Vertreter der althergebrachten Naturwissenschaften, fachlich inkompetent und mit Kirche und alter Staatsmacht verbandelt. Vogts darin formulierter „Grundsatz der exacten Wissenschaften“ ist ein Manifest des Materialismus, das sich gegen alle Versuche wendet, den Körper von geistigen Aktivitäten zu trennen und der Seele eine selbständige Existenz ohne Verbindung zur Materie abspricht:

„Festhaltend an dem Grundsatze aller exacten Wissenschaften, daß man Hypothesen nur dann einführen dürfe, wenn die Thatsachen keine andere Erklärung zulassen; festhaltend an dem Grundsatze, daß das Denken nicht weiter gehen könne, als die Erkenntniß: haben wir diese Erkenntniß einfach genommen, wie sie ist, und daraus die Folgerungen abgeleitet, welche sich bieten, unbekümmert um ein Postulat irgend welcher Art, welches von Außen her gemacht werden könnte. Wir haben danach erkannt, daß Function und Organ voneinander abhängen, und ebenso unlöslich mit einander verbunden sind, wie Kraft und Materie; daß mit dem Augenblicke, wo das Organ aufhört, auch seine Function beendet ist und nicht weiter fortdauern kann".[73]

Vogts hier bereits spürbare Metamorphose vom wissenschaftlichen Zoologen zum Anthropologen menschlicher Rassen verlief in materialistischer Verpuppung, in einem Gespinst kaum merklicher Veränderungen seiner wissenschaftlichen Arbeitsweise, und sie beginnt mit einer These, die jeder Materialist sofort unterschreiben würde: Wenn das Organ stirbt, ist seine Funktion beendet. Die Veränderung ist an Vogts doppeldeutigem Umgang mit Hypothesen zu sehen, „die man nur dann einführen dürfe, wenn die Thatsachen keine andere Erklärung zulassen". Mit anderen Worten: Hypothesen sind nur erlaubt, wenn zuvor feststehende Tatsachen definiert worden sind. Er sagt nicht, Hypothesen seien eine noch zu beweisende Annahme von empirisch noch festzustellenden Tatsachen, sondern verfährt genau umgekehrt. Die Tatsachen müssen feststehen, die Annahme darf sich frei entfalten. Vogts Tatsachen wären dann aber als These zu werten, als eine Behauptung. Von Vogt gedacht als Ablehnung haltloser Spekulationen durch naturphilosophische und christliche Vorgaben, entpuppt sich sein Materialismus als methodische Selbstermächtigung, mit der er bestimmen konnte, was als Fakt schon vor der eigentlichen Untersuchung zu gelten habe und durch Hypothesen nicht mehr in Frage zu stellen war.

Auch „unbekümmert um ein Postulat irgendwelcher Art von außen" lässt viele Interpretationen zu. Ursprünglich gemünzt auf die Vertreter der These einer unwiderlegbaren biblischen Schöpfungsgeschichte, man kann sie glauben oder nicht, könnte man darin auch die Postulate von Gegnern der Sklaverei oder deren Befürworter unterbringen. Wir müssen also sehen, welche Fakten als gesichert in die Hypothesen der Anthropologen eingingen und ob diese Fakten nach Vogt keine Postulate von außen enthielten.

Seine materialistische und antireligiöse Grundhaltung verquickt er geschickt mit seinem methodischem Vorgehen, bis sie nicht mehr voneinander zu trennen sind. Mit dieser Haltung entwickelt er gegen Wagner seinen Begriff der menschlichen Rasse. Wagner war sich sehr wohl bewusst, dass „mit der Bejahung oder Verneinung der Abstammung aller Menschen von einem Paare das ganze historische Christenthum in seinem tiefen Zusammenhang mit der Menschenschöpfung" steht und fällt.[74] Letztlich stürze alles zusammen: „der schlichteste Bibelglaube", „das ganze Gebäude unserer kirchlichen Lehrbegriffe", „unsere wissenschaftliche Theologie". Die erschreckte Untergangsstimmung Wagners und die erbarmungslose Angriffslust Vogts erklärt die Schärfe der Konfrontation, in der beachtenswerte Zwischentöne im schrillen Geschrei beider Seiten kaum noch zur Geltung kamen. Wenn Wagner zum Beispiel über die Abstammung des Menschen sagt,

„Alle körperlichen Verschiedenheiten, welche unter den Völkern des Erdballes vorkommen, sind nicht größer als die Verschiedenheiten, welche bei Thieren und Pflanzen von ein und derselben Art (species), z. B. beim Hund, beim Schaf, vorkommen und die wir mit dem Namen der Spielarten oder Varietäten bezeichnen".[75]

antwortet Vogt:

„Die körperlichen Verschiedenheiten, welche unter den Völkern des Erdballs vorkommen, sind so groß, daß sie auf keinen Fall durch die Einwirkungen äußerer Einflüsse erklärt werden können und demnach ursprünglich vorhanden gewesen sein müssen".[76]

Wagner nennt die Verschiedenheiten Varietäten, weil sie nach seiner biblischen Überzeugung von einem einzigen Menschenpaar abstammen, Vogt nennt sie Arten, weil sie von Anfang an verschieden, ursprünglich waren, um gleich hinzuzufügen: „Behalten wir, ehe der Streit entschieden ist, einstweilen die Benennung „Rassen" bei, welcher keiner Antwort präjudicirlich ist".[77]

Vogt weiß genau, dass er sich mit Begriff der Rasse festgelegt hat. Er hat nur rhetorisch keine Vorentscheidung getroffen. Nach der damaligen Systematik der Zoologie war Vogts Rasse eine Unterart der Art Mensch, Wagners Varietät eine Abweichung innerhalb der als Art definierten Idealform Mensch. Varietäten galten als zufällige, Unterarten als stabile Varietäten. Vogt hat sich mit seinem Begriff der Rasse auf stabile Varietäten des Menschen festgelegt, die von Anfang an vorhanden gewesen sein müssen, Wagner trotz aller körperlicher Verschiedenheiten unter den Menschen auf ein Konzept der ständigen Fluktuationen, die er Spielarten nennt.

Acht Jahre später beharrt Vogt als nun erwachsen gewordener Anthropologe in seinen *Vorlesungen über den Menschen* darauf, das übliche Vorgehen der Zoologen bei der Bestimmung von Art oder Rasse auch auf den Menschen anzuwenden. „Art ist Art und die zoologische Wissenschaft ist nur eine. Ihre Grundsätze müssen gelten, ob man sie nun auf den Menschen oder den Affen anwende, und was man bei dem einen dieser Typen Art nennt, kann man bei dem andern nicht Rasse oder Varietät nennen. Sollten sich also die Unterschiede, die den Neger von dem Germanen trennen, größer erweisen als diejenigen, welche den Capucineraffen von Rollaffen oder Sajou (Kapuzineraffenart H.V.) trennen, so müssen entweder die beiden Menschentypen gleich den Affen zwei Arten sein, oder die beiden Affenarten, die bis jetzt von aller Welt als verschieden erklärt wurden, in eine einzige zusammengezogen werden“.[78]

Das ist perfide. Da Vogt nicht angibt, auf welchen Kriterien die Festlegung der Affenarten fußt – sie werden einfach als wie „von aller Welt“ verschieden erklärt –, und auch nicht sagt, ob er die Unterschiede beim Menschen mit denselben Kriterien feststellen will wie „alle Welt“ es bei den Affen gemacht hat, hat er sich freie Hand für das Behaupten aller möglichen und unmöglichen Unterschiede beim Menschen verschafft und als gelungene Eingliederung in das übliche zoologische Artenschema verkauft. Auf diese Weise kann er seinen höchsten Affen und seinen niedrigsten Menschen beliebig annähern. Er muss sich nur noch heraussuchen, was zur angestrebten Verschmelzung seines Negers mit den Affen passen könnte. Die wissenschaftliche Zoologie, hier genauer die Zoologie als Wissenschaft der Einordnung in die Schubladen eines von Menschen erdachten Systems, wird als wissenschaftlicher Königsweg präsentiert, obwohl die Zoologie gerade dabei war, eben diese Systeme mit neuen Erkenntnissen und neuer Methodik bei den Wirbellosen zu hinterfragen. Nur wenige Jahre vorher hatte Vogt noch die Berücksichtigung der Lebensweise und des gesamten Lebenszyklus als unabdingbare Grundlage für eine systematische Einordnung der Lebewesen gefordert.

Vogt formulierte dieses wissenschaftliche Glaubensbekenntnis gegen Wagner 1855. Seine *Vorlesungen über den Menschen*, mit denen wir uns jetzt genauer befassen müssen, veröffentlichte er 1863 in Bern. Dazwischen lagen die Entdeckung des Neandertalers 1856 und Darwins *Über die Entstehung der Arten* 1859. Der Neandertaler verführte Vogt zu einer Konzentration aller seiner Aversionen gegen „minderwertige“ Menschenrassen und gegen die Erzählung der Bibel: „Wem aber ähnelte diese Ur-Rasse Europa’s am Meisten? Den Australiern, dem abschreckensten Typus der jetzt lebenden Wilden! O Adam! O Eva!“.[79] Diese Haltung ist es, durch die seine wissenschaftlichen Beteuerungen beurteilt werden müssen. Sie wird im Wesentlichen gesteuert von drei Elementen, die sich wie mit einem Quirl durchmischen: dem weltanschaulichen Kampf gegen die biblische Schöpfungsgeschichte, dem Kampf zur Durchsetzung der Evolutionstheorie und dem Kampf um die Bewertung vermeintlich objektiver Befunde der anthropologischen Wissenschaft.

Das wichtigste Objekt der Anthropologen war der menschliche Schädel.

„Ich spreche von Schädeln. Der Fleiß und die Beharrlichkeit Einzelner, die Bemühungen Anderer, die für Staatsinstitute reisten, haben einige großartige Schädelsammlungen zusammengebracht, wo freilich häufig hinsichtlich der Herkunft bedeutende Zweifel entstehen. so ist es z.B. äuserst selten möglich, bei den betreffenden Rassenschädeln mit Genauigkeit anzugeben, ob dieselben einem Manne oder einem Weibe angehört haben. Meist hängt dies von dem Eindrucke ab, den der Schädel auf den Sammler macht. Aber die Differenzen zwischen dem männlichen und weiblichen Schädel sind nicht unbedeutend, so bedeutend wenigstens in den höher civilisirten Stämmen, daß die Verschiedenheit größer ist als zwischen den Schädeln gleichen Geschlechtes aus verschiedenen Rassen, und da bei Negern und Ähnlichen niederen Rassen diese Verschiedenheit sich fast ausgleicht, soviel wir wenigstens wissen, so wird auch die Bestimmung des Geschlechtes eines Schädels um so unsicherer, je weiter man gegen diese unteren Grenzen der Menschheit vorschreitet“.[80]

Alles unsicher und doch wie beiläufig eine Festlegung auf den „Neger und ähnliche niedere Rassen“ als untere Grenze der Menschheit. In den Schädelsammlungen fanden sich Schädel, deren Herkunft „bedeutende Zweifel“ aufkommen ließen, nicht einmal die Unterscheidung von Mann und Weib war mit Sicherheit möglich, und trotzdem weiß Vogt, dass die Differenzen zwischen dem männlichen und weiblichen Schädel „nicht unbedeutend“ sind, und er weiß trotz mangelnder Unterscheidungsmöglichkeit, dass die Verschiedenheit in den „höher civilisirten Stämmen“

bedeutend größer als „bei Negern und Ähnlichen niederen Rassen" ist, wo die Bestimmung des Geschlechts immer unsicherer wird, „je weiter man gegen diese unteren Grenzen der Menschheit voranschreitet". Sind das die Fakten, die er als Anthropologe als sichere Basis für eine Hypothese ansieht, die er in seinem „Grundsatz der exacten Wissenschaften" als Voraussetzung für wissenschaftliches Arbeiten betrachtet? Werfen wir einen weiteren Blick auf die Methode, mit der er als Anthropologe vorgehen will:

„Eine richtige Methode ist oft mehr werth, als die Untersuchung selbst", sagt er.[81] Sie solle einer genau bestimmten Norm und Richtschnur folgen, Abschweifungen verhindern und anderen Forschern helfen, „auf demselben Weg zu wandeln". Der deutsche Schädel könne es nicht sein, es gäbe zu viele Mischungen durch die Ereignisse der Vergangenheit. Selbst die Germanen mit ihrem ungemütlichen und rohen Leben in den Eichenwäldern waren erst „die dritten Eindringlinge", ein „historischer und vorsündfluthlicher Mischbrei". Für andere Völker und Nationen gelte dasselbe. Da er weiß, wie viele Parameter zu berücksichtigen wären, wenn man Untersuchungen über die Naturgeschichte des Menschen anstellt, wie „der Entwicklungsgange im Laufe der Lebenszeit", die „ursprüngliche Anlage", „das Geschlecht", „Klima, Wohnort, Ernährung, Pflege und Beschäftigung", ein Sammelsurium ohne Trennschärfe, geht er mit der Brechstange des Durchschnitts dagegen vor, der „gewissermaßen die Reinheit des Gegenstandes wieder herstellt".[82] Er steht kurz davor, von der Reinheit der Rasse zu sprechen, die er aus einem „historischen Mischbrei" als Durchschnitt herauskristallisieren möchte.

Die aus der Physik bewährte statistische Methode wäre eine Möglichkeit, um mit dem unerträglichen Durcheinander klar zu kommen, denn viele Messungen beseitigten die Fehler einer einzigen. Bei der Musterung von Rekruten zum Beispiel bekomme man einen guten Durchschnitt der Körpergröße, wenn man nicht 100 sondern 1000 gemessen hat und diese Messungen auf viele Jahre ausdehne, um Hungerjahre mit Kleinwuchs im Durchschnitt verschwinden zu lassen. Mit geschickter Gruppierung der Messergebnisse habe der französische Anthropologe *Paul Broca* (1824–1880) die Verbreitung der „großleibigen Gälen" und der „kleinleibigen Celten" in Frankreich nachgewiesen. Mit geschickter Gruppierung bezeichnet Vogt die manipulativen Verfahren, mit denen Broca auch nationale Differenzen zugunsten des französischen Schädels und seines Inhalts herausgefunden hat. Für Vogt beweist das: „Nur die genaue Messung und Wägung, die sich in Zahlen wiedergeben lässt und auf große Mengen und Massen angewandt wird, gibt auch eine wirkliche Grundlage für wissenschaftliche Genauigkeit.“[83] Es sieht aus wie eine Flucht. Vogt rettet sich vor der Vielfalt der Menschen in die Abstraktion der Zahl. Als Zoologe hat er noch die genaue Beobachtung dieser Vielfalt beschworen, als Anthropologe ist sie ihm ein Dorn im Auge. Sie wird auf einen faden Durchschnittsbrei heruntergebrochen, in dem die Realität verschwindet:

Nach der Bestimmung des „mittleren Menschen in Europa“ durch den belgischen Astronomen und Statistiker *Adolphe Quetelet* (1796–1874) gehe es jetzt darum, diese Methode auf andere Rassen anzuwenden. Quetelet war seit 1841 der Präsident der statistischen Zentralkommission in Belgien. Dass Vogt ausgerechnet Quetelet und dessen „Physik der Gesellschaft“ als Referenz angibt, zeigt, wie locker er jetzt mit methodischen Fragen umzugehen bereit ist. Quetelets mittlerer Mensch wurde aus einem Sammelsurium körperlicher, psychischer und geistiger Eigenschaften zu einem mathematischen Durchschnittsbrei verarbeitet, in dem auch der phrenologische Unsinn Galls und die physiognomischen Spekulationen Lavaters nicht fehlten. Der mittlere Mensch, der alle diese Eigenschaften als Mittelwert vereinigte, wäre dann der „Repräsentant alles Großen, Schönen und Guten“, „ein Typus der Vollkommenheit“, so Quetelet. In den Augen eines Naturforschers wäre der mittlere Mensch „nichts anderes als der Typus eines Volkes“. Aus vielfachen Beobachtungen wisse man, dass dieser Typus nicht ein einziger sei, sondern es deren viele, also verschiedene Menschenrassen gebe.[84] Der „mittlere Mensch“, „ein Typus der Vollkommenheit“, „der Typus eines Volkes“, „der Repräsentant alles Großen, Schönen und Guten“ wäre also nach Vogt „die Reinheit des Gegenstandes“, mit dem er sein weiteres Vorgehen bestreiten will, mit einem phrasenhaften Mischmasch von kaum zu übertreffender Beliebigkeit.

Und dann wird nach dem Vorbild Quetelets und dem Schema von Scherzer und Schwarz (Novara-Expedition 1857–1859) drauflos gemessen, um 78 Angaben über Alter, Geschlecht, Haarfarbe und -struktur, Bart, Augenfarbe, Zahl der Pulsschläge, Kraft der Hände, Körpergröße, Länge der Extremitäten und viele mehr zu erhalten. Alleine der Kopf lieferte 21 Messergebnisse. Dabei war keinesfalls geklärt, wie der Schädel und mit welchen Messpunkten er erfasst werden sollte, denn der Schädel ist verschieden dick, hat Leisten und Vorsprünge, Waagrechte und Senkrechte sind kaum zu fixieren. Vogt verliert sich verbissen in die Details von Camper'schen Gesichtswinkel und anderen Messgrößen, bei denen er zugestehen muss, dass sie sich am Lebenden oder am Skelett massiv unterscheiden.

Hier nur ein Beispiel, mit welchen Unsicherheiten die Messergebnisse behaftet waren, Vogt zitiert den Prosector an der Universität Halle Hermann Welcker (1822–1897): „Ordnet man die Schädel nach dem Camper'schen Gesichtswinkel, so erhält der Schädel des Neugeborenen dem Thierschädel gegenüber bekanntlich den höheren Rang, als der Schädel des Erwachsenen; ordnet man die Schädel aber nach der zunehmenden Größe des Sattelwinkels, so lautet die Reihenfolge: Mann, Frau, Kind, Thier".[85] Der Camper'sche Gesichtswinkel ist der Winkel zwischen zwei Linien, die vom äußeren Gehörgang zum unteren Nasenvorsprung und von da zur Stirnmitte verlaufen (Abbildung 15). Er soll nach dem Anatomen Pieter Camper (1722–1789) bei Europäern 80 bis 90° betragen, bei Negern 70° und bei Affen 60°. Je flacher der Winkel desto weiter vorspringend der Unterkiefer (prognath). Der „höhere Rang" gebührt dem steileren Winkel. Auch der Sattelwinkel, der Winkel zwischen dem vorderen und hinteren Teil der Schädelbasis, diente zur Messung des Grades des vorstehenden Unterkiefers (Abbildung 16). Er liegt im Innern des Schädels, und es sind von Virchow über Broca bis Török verschiedene Messmethoden angegeben worden, ihn auch beim geschlossenen Schädel messen zu können – alle mit großen Unsicherheiten behaftet, „weshalb man kein einziges Ergebnis dieser Forschungen als feststehend betrachten kann", wie Török eine Generation später in seiner Abrechnung mit den Anthropologen schreibt.[86] Für beide Winkel begannen die Schwierigkeiten schon mit der Festlegung auf einen allgemein akzeptierten Verlauf der Horizontale. (Abbildungen 15 und 16, S. 56)

Wie geht Vogt mit der offensichtlichen Beliebigkeit von Hermann Welckers Rangfolge bei verschiedenen Messmethoden um? Er fügt den drei Messpunkten des Sattelwinkels einen vierten hinzu und muss feststellen, „daß es außerordentlich schwierig fällt, ein gemeingiltiges System von Durchmessern, von Radien und bestimmenden Winkeln zu finden, welches auf alle Schädel gleichmäßig anwendbar wäre".[87] Messungen ersetzten nicht den Gesamteindruck, hatte Karl Ernst von Baer auf der ersten

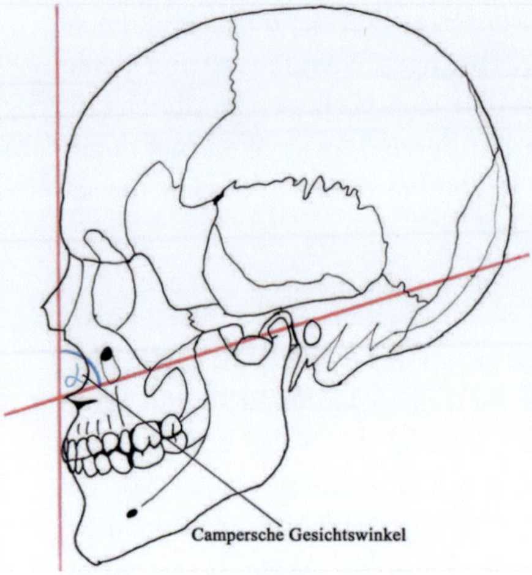

Abbildung 15: Der Campersche Gesichtswinkel war ursprünglich eine Zeichenanleitung für Künstler, um „Menschen aller Gegenden“ realistisch abbilden zu können. Er wurde von Rassisten zur Klassifizierung der Unterkieferstellung missbraucht und kann heute Zahntechnikern als Hilfskonstruktion für ihre Prothesen dienen (Aus: Jochen Huchtemeier, Frühdiagnostik und -therapie: Das „Stiefmütterchen“? ZT Technik 7/8 2020, S. 11)

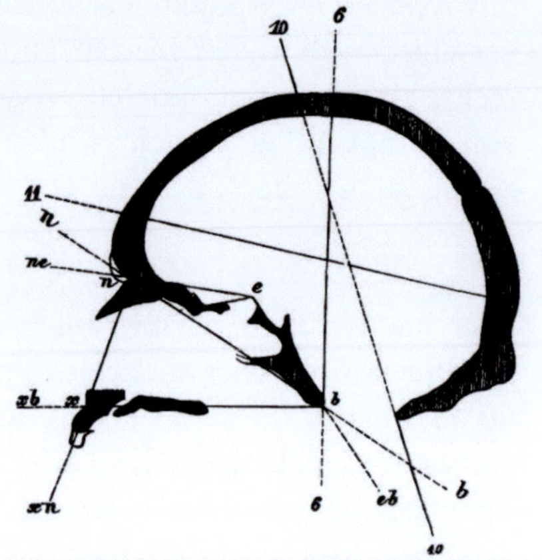

Abbildung 16: „Senkrechter Durchschnitt des Schädels eines Australnegers, nach Lucae“. Zu sehen ist auch der Sattelwinkel im Innern des Schädels b – e – x, der inmitten der Schädelbasis liegt und bei geschlossenem Schädel von außen gemessen werden muss (aus Carl Vogt, Vorlesungen über den Menschen, a. a. O., Bd. 1, S. 81)

Versammlung von Anthropologen 1861 in Göttingen gesagt. Also wird von Vogt jetzt der Schädel von allen Seiten betrachtet. Daraus entsteht eine neue Einteilung des schwedischen Anthropologen Anders Adolph Retzius (1796–1860) in Langköpfe und Kurzköpfe mit dem Ergebnis, dass beide Schädelformen bei Schweden, Slawen, Finnen und Lappen existieren. Welcker fügt sogenannte Recht- oder auch Mittelköpfe hinzu und hat nach sehr vielen Messungen festgestellt, dass Schwankungen um den Mittelwert „bei Lappen, Sumatranern, Kosaken, Altgriechen und Altrömern, Hindus, Eskimos und Australnegern nur sehr gering; viel größer bei Italienern, Deutschen, Russen, Finnen und am größten bei Buggesen (dänische Familie. H.V.) und Franzosen“ sind.[88] Aus der Mischung beider Klassifikationen ließen sich dann ganze Völkerschaften von Mittelköpfigen konstruieren, und aus der Profilansicht solche von Geradzähnern und Schiefzähnern.

Die statistische Methode, mit Hilfe eines Durchschnitts von Messergebnissen am Schädel zu „Schwankungen um den Mittelwert“ zu kommen, die eine Klassifikation menschlicher Rassen erlaubt, müsste nach Vogts Einlassungen von Gruppenbildungen nach beliebig austauschbaren Kriterien eigentlich als gescheitert betrachtet werden. Aber Vogt lässt nicht locker und glaubt, ein wesentliches Unterscheidungsmerkmal bei der Bestimmung menschlicher Rassen gefunden zu haben. „Das Vorspringen des Gesichtstheils“ muss der Physiognomie notwendigerweise „einen gewissen thierischen Charakter“ aufdrücken.[89] (Abbildung 17, S. 58)

Die Schiefzähner (Prognathen) befinden sich, so Vogt, unter den tiefsten Rassen der Menschengattung, Beispiel Hottentotten. Die vorspringenden Unterkiefer stehen in direkter Beziehung zur Kulturstellung und Kulturfähigkeit der Völker, sagt „man“. Aber Vogt weiß auch, dass „im Allgemeinen im Schädelbau die Tendenz vorwaltet, selbst bei ziemlich verschiedenen Schädelmaßen dennoch einen möglichst gleich großen für das Gehirn herzustellen“ und dass Schädelgröße und Körpergröße in einer „gewissen Proportion“ stehen.[91] Konsequenzen zieht er daraus nicht, oder vielmehr in eine Richtung, die einem den Atem verschlägt.

Geschlechtsunterschiede könne man wie so häufig in der Tierwelt als zwei verschiedene *species* betrachten. Der prächtige Pfau und sein unscheinbares Weibchen, die kleineren Frauengehirne. „Man darf deshalb wohl sagen, daß im Allgemeinen der Typus des weiblichen Schädels sich in vieler Hinsicht demjenigen des Kinderschädels, noch mehr aber demjenigen der niederen Rassen nähert, und mit welchem Umstand scheint auch das auffallende Verhältniß zusammenzuhängen, daß der Abstand der Geschlechter in Beziehung auf die Schädelhöhle mit der Vollkommenheit der Rasse zunimmt, so daß der Europäer weit mehr die Europäerin überragt, als der Neger die Negerin“.[92] Und es „bewahrt das Weib in seiner Kopfbildung die Hinweisung auf die früheren Bildungszustände, aus welchen sich die Rasse oder der Stamm entweder hervorgearbeitet hat, oder in welche sie zurückgesunken ist“.[93] Und zwar deshalb, weil sie immer noch mit Feuer koche, so wie früher. Die Arbeitsteilung habe dazu geführt, dass das männliche Gehirn sich „den höheren Sphären der Intelligenz“ zugewandt habe, weshalb die Ausbildung des weiblichen

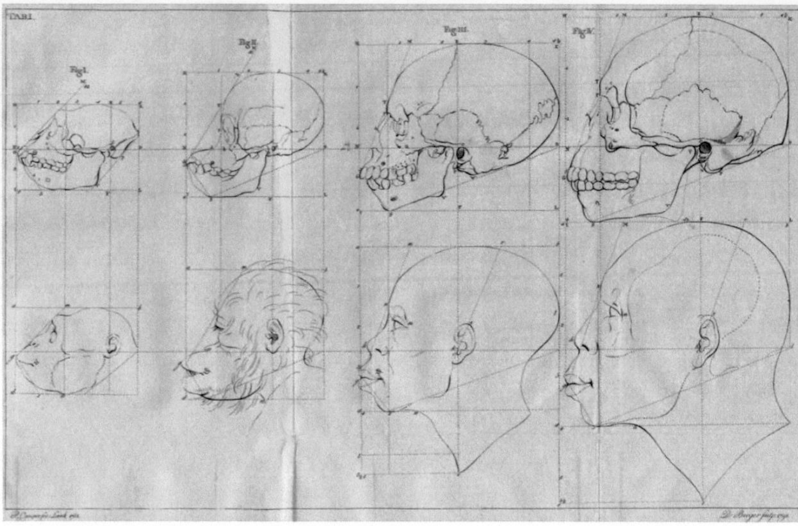

Abbildung 17: Kupferstich von Petrus Camper, Tafel 1: Darstellung der Schädel von Schimpanse, Gorilla, Neger, Kalmukke. Gezeigt werden Variationen von vorspringenden Unterkiefern. Campers Buch ist eine Zeichenanleitung für Köpfe und keine dezidiert anthropologische Untersuchung. Als 16-Jähriger hatte er sich darüber geärgert, dass auf Bildern die Mohren zwar schwarz, aber mit europäischen Gesichtszügen gemalt waren. In Amsterdam waren Menschen der ganzen Welt zu sehen. „In den Städten Hollands sieht man keine Nationalgesichtszüge mehr" (1. Teil, S. 1). Camper sieht nur noch Durchmischung durch Kriege, Völkerwanderung, Schiffbruch, Seefahrt. „Da aber die Länder meistens mit einander verbunden, und die Inseln nicht weit vom festen Lande gelegen sind, so findet man auch meistens eine stufenweise Veränderung, welche sich nur in großen Abständen erkennbar zeigt" (Teil 1, S. 2) Blumenbach hat diese Sichtweise übernommen, Campers Übersetzer Soemmerring in Fußnoten sie bereits in Richtung Übergang zwischen Neger und Affe mit „affenmäßiger Zurückweichung der Stirn" angeschärft (S. XIV). Dazu Camper: „... und führe hier nur als erwiesen an, daß die Affen vom größesten bis zum kleinsten wahre vierfüßige Thiere, schlechterdings nicht zum Aufrechtgehen geschickt und wegen des Baus ihrer Kehle zum Sprechen unfähig sind" (S. 16).[90]

stagnierte oder zurückfalle, abzulesen am knöchernen Schädel. Ein ähnlicher Kurzschluss gelingt Vogt beim Hirngewicht.[94]

Vogt argumentiert raffiniert und redet seine Hörer schwindlig, indem er seitenlang scheinbar wissenschaftlich abwägt, ob eine Messung zulässig ist, welche großen methodischen Schwierigkeiten bestehen, wer wie etwas zum Problem beigetragen hat, um schließlich zu einem klaren Urteil zu kommen, das auf diesen unsicheren Messungen und Annahmen basiert. Er macht die Behauptung von niederen und höheren Menschenrassen durch ein tabellarisches Aneinanderreihen widersprüchlicher Schädelmessungen hoffähig, und ist darin ein wahrer Meister der Vernebelung. Nichts ist bewiesen, aber die Gleichzeitigkeit von kleinem Frauenschädel, kleinem Frauengehirn mit ihrer doch jedem normalen Mann einsichtigen geringeren Intelligenz beweist den Zusammenhang von kleinem Kopf und kleiner geistigen Fähigkeit, ob bei der Frau, dem Kind oder dem „Australneger". Der Kurzschluss muss jedem einleuchten, der mit der „Dummheit des Weibes" und des „Negers" seine bösen Erfahrungen gemacht hat. Zur Zeit des Barock wusste jeder, dass die zahlreichen Frösche auf der Erde nach einem Regen mit diesem vom Himmel gefallen sein mussten.

Eine Tabelle des Schädelinhaltes bei verschiedenen Rassen, der durch Füllung mit Schrotkugeln gewonnen worden war, erweitert die bisher dürftige Basis für die Einteilung des Menschen nach Rassen.[95] Als vermessene Völkerschaften werden unter anderen aufgeführt: Amerikaner im Allgemeinen, Mexikaner, Neger im Allgemeinen, in Afrika geborene Neger, Pariser aus der gemeinschaftlichen Grube, Pariser des 12. und solche des 19. Jahrhunderts, Deutsche, Kaukasier im Allgemeinen. So kommen 35 Völkerschaften zusammen, für die jeweils zwischen einer und höchstens 341 Messungen des Schädelinhaltes (beim „Amerikaner im Allgemeinen") mit Schrotkugeln vorliegen. Sie wurden nach Verstopfen der Schädelöffnungen hineingeleert, solange geschüttelt, bis keine Kugel mehr hineinpasste und anschließend das Maß in Kubikzentimeter bestimmt. Es war natürlich nicht zu vermeiden, dass kleinere Hohlräume nicht vollständig gefüllt werden konnten, selbst wenn mit großen Aufwand der Schrotinhalt irgendwie weiter zusammengedrückt worden war, wie das Paul Broca gemacht hat. Die Ergebnisse wurden in Kubikzentimeter angegeben, Umrechnungsfehler vom englischen auf das Kontinentalmaß inbegriffen.

Die fragliche Basis der Messung von Schädelinhalten wird nur in Details in Zweifel gezogen, etwa die Vergleichbarkeit, wenn verschiedene Untersucher dieselben Objekte ausgemessen haben und um 50 cm^3 voneinander abwichen. Entscheidend, und von Vogt nicht reflektiert, waren die

Kategorien, in denen die Messungen zusammengefasst wurden. Was hat die Schädelmesser dazu berechtigt, „Neger im Allgemeinen“ und „in Afrika geborene Neger“ in verschiedenen Völkerschaften aufzuführen, die Völkerschaften in nationalen Grenzen erfassen zu wollen oder aus den Leichen einer Grube des 12. Jahrhunderts eine Völkerschaft anzunehmen? Kein Wort dazu, aber weitreichende Schlussfolgerungen nach eher als zufällig einzustufenden Messungen aus einer durch den US-amerikanischen Anthropologen Samuel Morton (1799–1851) zusammengetragenen Sammlung.

Man stelle sich Vogt vor, wie er in einem Haufen sich widersprechender Messergebnisse, zufälligen oder fadenscheinigen Zusammenfassungen des Menschen in Gruppen, Nationen, Gräbern und Schädelformen herumwühlt, um seine von vorneherein feststehende Position bestätigen zu können. Als Zoologe, der eine saubere wissenschaftliche Arbeitsweise kennt und selbst praktiziert hat, blieb ihm bei dem vorliegenden Material nur Verdrängung alles dessen, was für ihn wissenschaftlich tragbar war. Fast verzweifelt folgt als nächster Schritt die Messung des Hirngewichts, dessen Größe er bisher wenig befriedigend über den Schädelinhalt erschlossen hatte.

Es wird gewogen und morphologisch betrachtet. Das Gewicht des Gehirns einiger berühmter Männer lag erwartungsgemäß über dem Durchschnitt irgendwelcher Individuen, aber die „Beobachter geben sehr wenig Aufschluß über die Art und Weise, wie das Gehirn zu der Wägung zubereitet wurde“.[96] Das mache nichts, auch wenn mit dieser Methode doch einige Intelligente ein leichteres Gehirn als der Durchschnitt hatten. Je näher Vogt an seine Grundannahme von niederen und höheren Menschenrasen kommt, desto leichter geht er über solche Kleinigkeiten hinweg. Vogt ist dabei, sich vom Germanen des historischen und vorsintflutlichen Mischbreis zum Germanen reinster Rasse hochzuarbeiten und seine Stufenleiter von nieder nach höher als Grundlage für den Vergleich mit Affen zu nehmen: „Wir wählen zur Vergleichung zwei Typen, die fast an den Endpunkten der Reihe der Menschenbildungen liegen, nämlich den Neger einerseits und den Germanen andererseits …“.[97] Der Germane ganz oben auf der Leiter kommt für den Affenvergleich nicht in Frage. Übrig bleibt „der Neger“.

Dessen Hand, „welche entschieden alle Charaktere des Affentypus an sich trägt“, und zwar nur, weil sie im Verhältnis zu den Körperteilen angeblich länger ist als beim Germanen. Dessen Fuß, der nach dem Urteil des weit gereisten Naturwissenschaftler Hermann Burmeister (1807–1892), „einen sehr unangenehmen Eindruck“ macht.[98] Es ist ein Plattfuß. Und dessen Kinder. Die anfänglich lebhafte Entwicklung des Negerkindes höre mit der Pubertät auf: „Sobald aber die fatale Periode der Pubertät erreicht ist, tritt mit der Verwachsung der Schädelnähte und mit der Vorbildung der Kiefer derselbe Proceß ein, wie bei den Affen. Die intellektuellen Fähigkeiten bleiben stationär und das Individuum, sowie die Rasse im Ganzen werden unfähig, weiter fortzuschreiten. Der erwachsene Neger hält hinsichtlich der geistigen Eigenschaften einerseits mit dem Kinde, andererseits mit dem Weibe und selbst dem Greisenalter des Weißen.“[99]

Gibt es „eine Constanz der Unterschiede“, die sich ohne Vermischung der Rassen nachweisen lässt, „daß also, der Neger durch erhebende Einflüsse zum Weißen, oder durch niederdrückende Einwirkung der Weiße zum Neger umgewandelt werden könne?“ Dazu ein Negerschädel und ein Idiotenschädel untereinander im Profil, eine besonders perfide Gleichsetzung von Neger und Idiot.[100]

Der Rückgriff auf die zoologische Systematik hat Methode. Sie suggeriert Wissenschaftlichkeit ausgerechnet in einem Bereich, bei dem die menschliche Willkür schon immer am heftigsten gewütet hat. „Denn die Classification des Thierreichs, in ihrer unmittelbaren Anwendung betrachtet, ist ja weiter nichts als eine Einordnung in stets größer werdende Schachteln, Schubladen und Gefache, in welchen man das Ähnliche so nah als möglich zusammenstellt, das Unähnliche so weit als möglich voneinander trennt“. Was in einzelne Schachteln gehörte, war höchst umstritten, weiß er zu berichten. Das war schon bei den zoologischen Systematikern so und ist bei den anthropologischen nicht anders. Vogt beteiligt sich mit Verve an diesem Streit, den er als Zoologe mit seiner Konzentration auf vergleichende Anatomie und Physiologie längst hinter sich gelassen haben wollte. Und das, obwohl auch solche Sätze von ihm zu lesen sind:

„Wir haben gesehen, daß der Begriff der Art nirgends festgestellt ist und überhaupt nicht festgestellt werden kann und daß im praktischen Leben eben jeder Forscher denselben in anderer Weise auffaßt“.[101] Auch die

Ansichten von „Artberechtigungen“ laufen bei Affe und Mensch auseinander. Mit Darwin als Kronzeuge war er ein Großteil seiner Sorgen los und setzte auf das „Prinzip der Veränderlichkeit“ und die auf die Erdgeschichte gegründete Stufenleiter von nieder nach höher. Mit der Entdeckung des Neandertalers 1856 konnte man nun frühe Vorfahren (Ur-Rasse) in heutigen Menschen wiedererkennen, am besten bei den Eingeborenen Australiens, dem „abschreckensten Typ der jetzt lebenden Wilden“.[102]

„Ist es wissenschaftlich zulässig, den Menschen aus dem Affentypus herzuleiten?“ Ja. „Ich habe Ihnen gezeigt, ... in welchen Punkten die Menschenrassen und namentlich die Neger die Hand nach jenen Affen ausstrecken, ohne sie freilich vollständig zu erreichen“.[103] Hand ausstrecken nennt er seine Erniedrigungen, deren Wahrnehmungen nicht von ihm selbst stammen, sondern die Eindrücke von Reisenden widerspiegeln. Jean Louis Armand de Quatrefages de Bréau (1810–1892) zum Beispiel, Professor für Anthropologie und Ethnographie am *Musée d'Histoire Naturelle* in Paris, gehört zu den Medizinern, die Zoologen wurden, und zu den wenigen, die sich mit Würmern (Ringelwürmer-Anneliden) und Anthropologie gleichermaßen befassten. Er wird von Vogt für einen Vergleich der zerlumpten und durch den britischen Kolonialismus verarmten Iren mit den „untersten Negervölkern, den verwahrlosesten australischen Stämmen“ bemüht.[104] Vogt meint zwar, „daß hier die Übertreibung des Parteistandpunktes spricht“, aber die sei nicht bewiesen, weil Schädelmessungen fehlten. Je weiter die Vorlesungen voranschreiten, desto verschwiemelter wird der biologische Ansatz, und Vogt bedient sich zunehmend kultureller Argumente, einer Einflussnahme von außen auf Fragen der Biologie, die er in seinem Eingangsstatement über Wissenschaftlichkeit strikt abgelehnt hat.

Vogt lässt Broca über die Fellachen zu Wort kommen, bei denen dieser Übergang auch begrifflich vollzogen wird: „Die Bauern des Nilthales, die man heutzutage unter dem Namen Fellahs bezeichnet, haben ganz den Typus der alten Egypter bewahrt, was um so merkwürdiger ist, als sie sich seit der arabischen Eroberungen vielfach mit dem Stamme der Eroberer gekreuzt haben.“ Das habe Morton durch Schädelvergleich nachgewiesen, und man könne die Konstanz der Charaktere auch auf den Bildern altägyptischer Zeit finden. Nicht mehr Konstanz der Arten, sondern der Charaktere, nicht Art, sondern Typ des alten Ägypters, der die

Geschmeidigkeit der Anpassung – jetzt wieder die der Rassen – an fortschreitende Zivilisation zeige und sich an der Höhe des Schädels ablesen lasse, was die Hirnmasse vergrößere.[105] Die begriffliche Unschärfe steigt mit dem Einstieg in die Betrachtung real existierender Gesellschaften wie die ägyptische, die mit Schädelmessungen in ihrer Vielfalt kaum zu fassen sind, denn durch Verpflanzung in andere Gegenden entstünden, so Vogt, zunächst einmal „rasselose Haufen", aus der durch „reine Inzucht" eine neue Menschenrasse oder Menschenart entstehen könne.[106] Reine Inzucht funktioniert nur in der totalen Isolation kleinster Gruppen, im bewussten Eingreifen der Hundezüchter, innerhalb von Familien. Das wusste der Zoologe Vogt, der doch die Gesetze der Zoologie für den Menschen gelten lassen wollte. Aus den „rasselosen Haufen" einer mobilen Menschheit sich die Entstehung einer reinen Rasse durch Inzucht zu phantasieren, ist nichts Anderes als Realitätsverweigerung zur Bestätigung einer vorgefassten Meinung.

Bestätigung sucht sich Vogt überall aus noch so nebensächlichen Bemerkungen heraus. Er erwähnt Pruner-Bey mit der Schmerzunempfindlichkeit der Neger in Ägypten, die Operationen stoisch ertragen, der Entwicklung der Kinder, die ebenso lebhaft und lernfähig sind wie andere Kinder auch, mit der Veränderung ihrer Hautfarbe von der Geburt bis zur Pubertät. Aber diese positive Beschreibung der Schwarzen durch einen leitenden Arzt, der fast 30 Jahre in Ägypten gelebt und gearbeitet hat, spornt Vogt einmal mehr zur Behauptung des Stillstandes der intellektuellen Entwicklung mit dem Eintritt in die Pubertät an, die durch den Verschluss der Schädelnaht (Lambdanaht) mit einhergehender Begrenzung des Gehirnwachstums ausgelöst werde. Diese aber verschließt sich schon nach zwei bis fünf Monaten und verknöchert erst ab dem 40. Lebensjahr.

Pruner-Bey hat über den Verschluss der Schädelnähte etwas ganz anderes gesagt, als Vogt ihm unterstellen will. Er beschreibt genau, wie sich die einzelnen Schädelnähte schließen und sich der Gesichtsschädel mit dem Heranwachsen allmählich ausformt. „Die ganze Umgestaltung mit ihren Folgen schreitet bei dem Hirnschädel anders vor, als bei dem Gesichte; die Kinnbacken erhalten das Uebergewicht, ohne eine genügende Compensation auf der Seite des Gehirns. Doch will dies nicht so viel sagen, als finde eine förmliche Hemmung in der Entwicklung statt. Nein! die Rassenverschiedenheit zeichnet sich eher durch ein verschiedenes Maß im Wachsthum der einzelnen Theile." Kein Wort von Pruner-Bey, dass mit dem aufeinanderfolgenden Verschluss der Schädelnähte die intellektuelle Entwicklung beeinflusst wird. Er beschreibt nur, wie es mit dem Heranwachsen dazu kommt, dass Schwarze etwas anders aussehen als Weiße. Vogt dagegen benutzt seine Beschreibung zu einem Vergleich mit der Entwicklung des Affen, bis dieser im Alter „seine abschreckende Wirkung" zeige. „Sobald aber die fatale Periode Pubertät erreicht ist, tritt mit der Verwachsung der Schädelnähte und mit der Vorbildung der Kiefer derselbe Proceß ein, wie bei den Affen. Die intellectuellen Fähigkeiten bleiben stationär und das Individuum, sowie die Rasse im Ganzen werden unfähig, weiter fortzuschreiten".[107]

Der genannte *Franz Ignaz Pruner* (1808–1882) aus der Oberpfalz, als Pruner-Bey ein hoher Beamter des Vizekönigs von Ägypten und dessen Leibarzt, hatte sich nach seinem fast 30-jährigen Einsatz in Ägypten auf seine alten Tage in Paris von 1860 bis 1870 mit Anthropologie, Phrenologie und Ethnologie beschäftigt und über 15000 Messungen an 507 Schädeln durchgeführt. Pruner war 1860 Mitglied der *Société d'Anthropologie* und 1865 ihr Präsident geworden, eine gewichtige Stimme im ausufernden Chor der Anthropologen.[108] Wie schon Bilharz war er, der mitten unter der ägyptischen Bevölkerung gelebt hatte, zu völlig anderen Schlüssen gekommen als Vogt, der aus der Schweiz heraus nach Kenntnis weniger Schädelskelette „den Neger" zum halben Affen machte (Abbildung 18).

Abbildung 18: Pruner-Bey in Livorno, ca. 1870. Wikimedia commons

Für Pruner-Bey gilt die Hautfarbe als Mischung und/oder als Resultat starker Sonneneinstrahlung. Sein Hauptaugenmerk gilt den unzähligen Variationen der Hautfarbe unter der Bevölkerung einer Weltgegend, sei es Tasmanien oder Sibirien. Er besteht auf der Sprache als Unterscheidungsmerkmal zum Tier, konstruiert den Arier linguistisch, nicht als biologische Rasse.[109] Es gäbe unter den Negern ebenso viele Variationen wie bei den anderen Rassen.

Beim Temperament jedoch seien sie sich alle sehr ähnlich: cholerisch und lymphatisch. Die Hautfarbe gehe von dunkelbraun bis samtschwarz und wechsele selbst in einzelnen Körperteilen. Pruner-Bey beschreibt die Kultur der „Neger“ in Ägypten in Abhängigkeit von ihrem Status als Sklaven und meint, die Philanthropen hätten noch viel zu tun, um dem Abhilfe zu schaffen. Auch nicht der Anschein einer biologischen Überheblichkeit.[110]

Dieselbe Haltung in einem Vortrag 1861. Nachdem Pruner-Bey sehr genau die Skelettmerkmale und Hautfarbe des „Negers“ untersucht und immer wieder auf die große Variationsbreite hingewiesen hat, besteht er auf den wesentlichen Kennzeichen, die einen Menschen ausmachen: aufrechter Gang, Gebrauch der Hände, Sprache, mit der Gefühle und Gedanken ausgedrückt werden. Daran möchte er die Diskussionen um den „Neger“ gemessen sehen. Er erweckt den Eindruck, als sei ihm die Schädel messende Anthropologie zu engstirnig, obwohl er selbst unendlich viele gemessen hat.[111] (Abbildung 19)

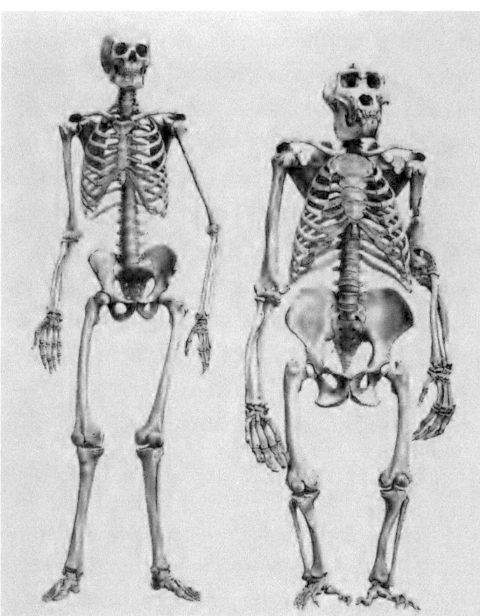

Abbildung 19: Darstellung der Skelette eines Menschen und eines Gorillas durch Richard Owen. Fig. 1 Skeleton of an adult male European. Fig. 2 Skeleton of an adult male *Troglodytes Gorilla*. Diese beiden Skelette hat der Fotograf des Krimkrieges Roger Fenton bereits 1861 aufgenommen.[112]

Pruner-Bey beschrieb zahlreiche Würmer, die er bei seinen Sektionen fand und teilte die Ergebnisse Griesinger und Bilharz mit, die sie an von Siebold weiterleiteten (Ankylostoma duodenale, Oxyuris vermicularis, Trichcephalus dispar, Taenia, Medinawurm, Filaria, Zungenwurm).[113] Die von den Vizekönigen Ägyptens erlassene Pflicht zur Sektion brachte einen gewaltigen Schub an Kenntnissen über eine große Zahl von parasitischen Würmern und die von ihnen verursachten Krankheitsbilder. Diese Parasiten wurden so häufig gefunden, dass die Lebens- und Arbeitsbedingungen der Betroffenen, das Klima und die Bewässerungssysteme des Nils fast zwangsläufig in den Blick geraten mussten. Europäisch geschulte Mediziner wie Pruner und Griesinger haben ihre Berichte über die häufigen Seuchen am Nil deshalb immer eingebettet in Exkurse über Klima, Wohnquartiere und kulturelle Gewohnheiten. Für rassistische Ausfälle blieb da wenig Raum, zu eindeutig waren die Zusammenhänge zwischen Leben und Krankheit einer von den Launen des Nils abhängigen Bevölkerung und der jeder Menschlichkeit spottenden Behandlung der Militärsklaven aus Dafur und Äthiopien. Griesinger, Bilharz und Pruner waren als Mediziner keine Rassisten und als Zoologen auf der wissenschaftlichen Höhe ihrer Zeit.

Zwei Entwicklungslinien der Anthropologie: Blumenbach und Soemmerring

Wie sehr die Anthropologie im Jahrhundertverlauf bei ihren Ton angebenden Vertretern pseudowissenschaftlich bis hin zur Scharlatanerie degenerierte, ist am Umgang mit dem Erbe des Göttinger Medizinprofessors Johann *Friedrich Blumenbach* (1752–1840) zu sehen, den alle Anthropologen als ihren wissenschaftlichen Vater betrachten. Blumenbach sagt in der deutschen Ausgabe seines grundlegenden Werkes von 1798: „Unzählige Verschiedenheiten des Menschengeschlechts fließen durch unmerckliche Gradation mit einander zusammen".[114] Er nennt seine Einteilung, die er für die menschlichen „Hauptvarietäten" vornimmt, willkürlich. Eine sei „schicklicher" als eine andere, also nimmt er seine eigene und referiert, in welche Schubladen andere die Menschen gesteckt haben. Seine eigenen nennt er die „Die fünf festgesetzten Hauptvarietäten im Menschengeschlecht", um ganz klar zu machen, dass sie nicht wissenschaftlich begründet entstanden, sondern „festgesetzt", also behauptet werden. Und er sieht „unendliche Ausnahmen in jeder Varietät" und lehnt das Konzept von höheren und niederen Menschenrassen prinzipiell ab.

Auf Blumenbach konnten sich Anthropologen bei ihren Vorannahmen höherer und niederer menschlicher Rassen also schwerlich berufen. Sie glaubten möglicherweise in seiner Tradition zu handeln, weil Blumenbach in seinen *Decas Craniorum*, in Einzellieferungen mit je zehn Darstellungen zwischen 1790 und 1828 erschienen, die vergleichende Schädelmessung eingeführt hatte. Blumenbachs Vorbehalte gegen eine willkürliche Einordnung menschlicher Rassen in Schubladen passte nicht in ihr Konzept einer Menschheit, die sich an ihren unteren Rändern dem Affen annähern sollte.[115]

Blumenbach geriet darüber in einen heftigen Streit mit seinem Freund *Samuel Thomas von Soemmerring* (1755–1830), Professor für Anatomie und Physiologie in Mainz, der 1784 nach der Sektion einiger sehr weniger Afrikaner meinte, dass die „afrikanischen Mohren doch etwas näher ans Affengeschlechte, als die Europäer gränzen".[116] Hier sind Soemmerrings erste Sätze, mit denen er den „Mohren" das Menschsein noch nicht abspricht:

„Wir Europäer scheinen beynah in allen Welttheilen und schon von sehr langer Zeit her, ein zwar nicht öffentlich anerkanntes, desto mehr aber bis zur Kränkung der Menschheit in der Anwendung ausgedehntes, Vorrecht über die Neger zu besitzen. Es ist nur zu bekannt, wie wenig brüderlich wir diese Unglücklichen behandeln, und das mit einer Kälte und Gewissensruhe, die eben wegen ihrer ziemlichen Allgemeinheit, stillschweigend zu verrathen scheinet, daß wir die Mohren für weniger vollkommen, für weniger der ersten Stelle in der thierischen Stellung der Schöpfung unseres Planeten würdig, mit einem Wort, für geringer als uns Weiße halten".

Nur wenig später, nachdem er über die allgemein akzeptierte Inferiorität des „Mohren" nachgedacht hat, stellt er die Frage, die seine weitere Untersuchung leiten wird:

„Wie wär's, wenn sich anatomisch darthun ließe, daß die Mohren weit näher als wir an das Affen-Geschlecht gränzen? und daß es nicht eingebildeter Stolz ist, der uns oft zu weit über die Mohren erhebt, sondern daß dasjenige, worin wir Europäer untereinander selbst uns nachstehen, und warum wir Einigen aus uns Vorzüge willig einräumen, ich meyne, die auszeichnenden Organe des Verstandes, die unseren Abstand von den Thieren verursachen, den Mohren etwas hinter uns zurücklassen".[117]

Ja, wie wär's? Soemmerrings Ansatz wirkt wie ein Taschenspielertrick, mit dem er die für alle erlebbaren Unterschiede im Aussehen und in den Fähigkeiten der weißen Menschen bei den „Mohren" auf ein einheitliches Merkmal der Rasse zurechtstutzt, das er nun in allen möglichen und unmöglichen Befunden an Weichteilen, Skelett und Gehirn festzumachen versucht. Das Ergebnis ist der obige Satz von der größeren Nähe des „Mohren" zum Affen.

Ein Beispiel, an dem der Kurzschluss zwischen anatomischem Befund und Einordnung in Affennähe gut zu demonstrieren ist und das in der Auseinandersetzung zwischen Blumenbach und Soemmerring eine wichtige Rolle spielt, ist das Hinterhauptsloch am Schädel, durch den das Rückenmark hindurchgeht. Soemmerring bemerkt, dass dieses Hinterhauptsloch beim Neger weiter hinten sitze und sich in seiner Lage der des Affen nähere. Aber Blumenbach lehnt diese Einstufung ab, denn da der Mensch aufrecht gehe, hätten sich die Halswirbel diesem Gang angepasst. Sie sind zylindrisch und nicht pyramidal wie beim Affen, der sich auf allen Vieren fortbewegt, denn nur mit zylindrischen Wirbeln kann der Zweibeiner den Kopf aufrecht halten. Die Isolierung eines Merkmals mit weitreichenden Schlussfolgerungen, so Blumenbach, ohne den „Totalhabitus" zu berücksichtigen, sei absolut unzulässig.[118] Die Lage des Hinterhauptlochs ist entscheidend für die Beurteilung eines aufrechten Gangs. Beim Menschen liegt das Hinterhauptsloch genau im Schwerpunkt des Kopfes, ein weiterer Punkt, der gegen Soemmerring spricht. Soemmerring zog aus einer möglicherweise fehlerhaften Einzelbeobachtung den Schnellschuss zur Affennähe, Blumenbach war sich des Zusammenhangs zwischen der Konstruktion des Skeletts und aufrechtem Gang schon so bewusst, dass er die Form der Wirbel als Kriterium einer Entscheidung für die Zugehörigkeit zu Affe oder Mensch erkannte. Der aufrechte Gang ist unser Markenzeichen, er bestimmt unsere Wahrnehmung so sehr, dass wir uns mit lachenden Tränen im Watschelgang der Pinguine wieder zu erkennen glauben und einen auf zwei Beinen gehenden Zirkusbären am liebsten knutschen möchten, ganz zu schweigen von dem großen Hallo, wenn unsere krabbelnden Kleinen erstmals aufrecht herumtapsen, um zielstrebig die Welt in Besitz zu nehmen.

Wir haben es mit zwei Entwicklungslinien zu tun, die Ende des 18. Jahrhunderts formuliert, die Auseinandersetzungen um die Stellung des Menschen im Tierreich im folgenden Jahrhundert prägen werden: Blumenbachs Konzept einer einheitlichen Menschheit und Soemmerrings einer Menschheit, die sich nach nieder und höher weiter differenzieren lässt. Die beiden Grundannahmen führten zu unterschiedlichen Bewertung von Messergebnissen und Variationen und nach einem halben Jahrhundert Schädelmessung zu einem methodischen Totalschaden.

Einige haben sich der Einteilung des Menschen in Rassen nicht aus biblischen, sondern aus wissenschaftlichen Bedenken entzogen, als die Anthropologie im Sog der Kolonialisierungen zu einer Wissenschaft des Vorurteils degenerierte und die Szene beherrschte. Sie waren humanistisch geprägt und richteten sich auch gegen die millionenfache Versklavung der Schwarzen. Zu ihnen gehört der Heidelberger Professor für Anatomie und Physiologie *Friedrich Tiedemann* (1781–1861), der von Carl Vogt in seinen Vorlesungen über den Menschen wegen dieser Grundhaltung besonders widerwärtig auch persönlich attackiert wurde und seine Auffassungen „nachlassender Hirnleistung“ zuschrieb (Abbildung 20).

Abbildung 20: Friedrich Tiedemann 1820. Wikimedia commons

Tiedemann war 1836 bei der Abfassung seines Vergleichs der Gehirne des „Negers“, des Europäers und des Orang Utans 55 Jahre alt.[119] Seine Ergebnisse passten Vogt nicht in sein Konzept des Negers als Übergang zum Affen. Tiedemann sagt:

1. „Die Hirngöße des Weibes ist relativ zum Körpergewicht genau so groß wie das des Mannes.“[120] 2. Der „Neger“ habe weniger Gehirn als der Weiße, sei „keineswegs erwiesen“. Eine vorsichtige Aussage, da er nur sehr wenige in Museen messen konnte und sich auf fremde Angaben stützen musste.[121] 3. „Die Schädelhöhle aller Rassen schwankt um einen vergleichbaren Wert.“[122] 4. „Das Hirn des Negers ist dem des Ourang-Outangs nicht ähnlicher als das des Europäers“.[123] Es

folgt ein langer empörter Anhang zum Sklavenhandel. Tiedemann war ein Befürworter der Sklavenbefreiung, weshalb er seine Untersuchung zuerst in England veröffentlichte, das 1833 mit dem *Slavery Abolition Act* alle Sklaven im britischen Kolonialreich für frei erklärt hatte.

Solche nachdenklichen Töne waren von Carl Vogt nicht zu vernehmen. Dass der Innenraum des Negerschädels nicht geringer als der des Europäers sei, sei irrig, behauptete Vogt gegen Tiedemann auf der Grundlage einer sehr geringen Datenbasis, so gering, dass jeder irgendeine Messung heranziehen konnte, um seinen Gegner zu attackieren.[124]

Nach einem gründlichen Literaturstudium der Reisen nach Afrika und deren Beschreibungen der so unterschiedlichen Bevölkerung war Tiedemann klar geworden, dass es „den Neger", wie er in der Phantasie von Daheimgebliebenen existierte und wie er sich bei Vogt niederschlug, gar nicht gibt. Was es gab, war die Verelendung ganzer Stämme durch die Sklavenjagden der Europäer und Araber. Sie mussten kaum beschreibliche Gewalt ertragen und vegetierten nur noch dumpf vor sich hin. Und trotzdem konnte er eine ganze Reihe von Beispielen von Schwarzen nennen, die es in der Welt der Weißen weit gebracht haben, in der die Entwurzelung und Unterdrückung ein Verhaltensmuster hervorgebracht hatten, das den Schwarzen als Charakterzug angehängt wurde, für den sie selbst verantwortlich und der ihnen angeboren war. William Faulkner vergleicht in seinem Roman *Sartorius* das Verhalten der „Nigger" in den Südstaaten kurz nach dem Ersten Weltkrieg mit dem der Mulis. Es sei „in seinen Antrieben und geistigem Verhalten sehr ähnlich" und „verrichtet unverstandene Tätigkeiten in einer unverstandenen Umgebung",[125] Bildhafter kann man die Folgen der Entwurzelung und Versklavung kaum ausdrücken. Faulkner erzählt mit großer Empathie von der Verantwortung der Weißen für diese Degradierung.

Tiedemanns Schwiegersohn, der Professor für Anatomie und Physiologie in München, Theodor Bischoff (1807–1882), betonte in seiner Gedächtnisrede bei Tiedemanns Tod dessen humanistische Einstellung:

„... so kam er zu dem Schlusse: daß die Natur in der Anlage und Bildung des Gehirns keine ursprüngliche, unverwischbare und unübersteigbare Gränze zwischen dem Kaukasier und dem Neger gezogen habe, welche den Ersteren unbedingt zum Herrn des Letzteren mache, und diesen in die Reihe der Thiere verweisen. Dieser durch die Wissenschaft gegen Egoismus und Habsucht errungene Sieg der Humanität ist bis jetzt durch nichts widerlegt worden".[126] Die wohlwollende Behandlung Tiedemanns in seiner Gedächtnisrede hielt Bischoff jedoch nicht davon ab, sich nach Messungen an Skelett, Kreislauf und Muskeln aus angeblich biologischen Gründen vehement gegen Frauen in ärztlichen Berufen auszusprechen.

1861, im Todesjahr von Tiedemann, haben Karl Ernst von Baer, der zuvor die anthropologischen Sammlungen von Paris, London und Kopenhagen besucht hatte, und Rudolph Wagner einige Anthropologen zur Klärung von Mess- und Zeichenmethoden nach Göttingen, an die Wirkungsstätte Blumenbachs eingeladen. Zu dissonant war der Chor der Meinungen geworden, zu unsicher die Bewertung einzelner Merkmale und zu beliebig die Messmethoden am Schädel. Der estische Ritter *Karl Ernst von Baer* (1792–1876) war zu diesem Zeitpunkt noch Professor für Anatomie und Physiologie an der Akademie der Wissenschaften von St. Petersburg, an der er einen Teil seines wissenschaftlichen Lebens verbracht hat, unterbrochen von ausgedehnten Forschungsreisen in Sibirien zur Kartierung des Permafrostes, im Kaukasus, am Kaspischen Meer, an der Nordmeerküste, der Südküste Finnlands und auf den arktischen Inseln wie Nowaja Semlja (Abbildung 21).

Baer hatte schon als Student der Naturphilosophie Schellings den Rücken gekehrt: „Ich fand in der That ein höchst sonderbares Schmematisiren aller Dinge und aller Verhältnisse…", schreibt er in seinen Erinnerungen.[127] Als Professor für Zoologie und Anatomie in Königsberg hat er parasitische Würmer von Fischen und Muscheln untersucht und sich mit Anthropologie beschäftigt. Er ist wie von Siebold ein Paradebeispiel

Abbildung 21: Karl Ernst von Baer 1840. Wikimedia commons

für die Entstehung der modernen Zoologie aus der Forschung von Ärzten an tierischen und menschlichen Parasiten.[128] Die wissenschaftliche Unschärfe der Anthropologen war für ihn unerträglich:

„Wer wollte nicht leugnen, dass bis jetzt alle unsere Kenntniss über Variationen innerhalb des Menschengeschlechts ungemein schwankend ist, der sicheren Basis entbehrend. Der Gegenstand selbst ist anziehend, da der Mensch das höchste Object der Naturforschung ist, aber sobald man begonnen hat, sich mit dieser Aufgabe zu beschäftigen, wird man beängstigt durch das Gefühl, dass nirgends fester Boden sich zeigt ... Der Umstand allein, dass die Zahl der Hauptstämme so verschieden angenommen wird, von 3 bis 16 und mehr, zeigt die grosse Unsicherheit der Principien".[129]

Nach von Baer war eigentlich nichts geklärt, weder der Stellenwert der Hautfarbe im Zuge der Vererbung oder eher bedingt durch Umwelteinflüsse, noch der Sinn der Festlegung mittlerer Kopfformen, ganz zu schweigen vom Unterscheidungswert einzelner Merkmale wie der Abstand der Jochbögen. Und was soll man von Schädeln aus Gräbern halten, die als persisch bezeichnet wurden, aber aus einem Siedlungsgebiet der Tartaren stammen? „Die rasche Phantasie giebt die Antwort statt der langsamen Forschung". Es sei die Ansicht geäußert worden, dass Mischvölker verkümmern, obwohl „die kräftigsten Völker Europa's notorisch in historischer Zeit aus starker Vermischung hervorgegangen sind".[130] Andere Beispiele, die von Baer anführt, sind nicht weniger haarsträubend. Sie stammen aus den angesehensten anthropologische Gesellschaften, allen voran der französischen, der englischen und amerikanischen, die von einem ausgeprägten kolonialen Blick gesteuert wurden. Er schildert ausführlich die entwürdigenden Bedingungen, unter denen in den Kolonien Bastarde gezeugt werden, verfolgt ihr weiteres Schicksal als Parias einer Gesellschaft, in der es besonders schlimm ist, weder zur herrschenden weißen Kolonialklasse, noch zur einheimischen Bevölkerung zu gehören. Einen Grund für angeborene Unfähigkeiten kann er nicht erkennen. Nachdem er die Spuren weißer kolonialer Überheblichkeit in allen Weltteilen bei den Anthropologen als Tendenz zur abwertenden Fixierung als minderbemittelte biologische Rasse referiert hat, geht es an die Methoden, aus deren Ergebnisse weitreichende Schlüsse gezogen werden.

Wenn Anthropologen über Veröffentlichungen miteinander kommunizieren wollten, müssten sie sich auf eine gemeinsame Form der Darstellung der Schädel einigen und dazu bräuchten sie eine von allen akzeptierte Horizontale, eine geometrische Methode für die Erfassung des räumlichen Eindrucks und eine Vorbehandlung des Gehirns, das außerhalb des Schädels schnell seine Form verändere. Gipsabgüsse des Schädelinneren änderten sich mit der Wasserhaltigkeit des Materials. So werde eine falsche Hirngröße vorgetäuscht, auch dann, wenn beim Guss Luftblasen entstehen oder der Wassergehalt innerhalb des Gussmaterials schwankt. Selbst über das Maßsystem, britischer Zoll oder französisches Meter, bestehe kein Konsens.

Unter diesen Bedingungen waren vergleichbare Messergebnisse unmöglich. Jeder Forscher benutzte eigene Messgeräte und Zirkel oder in unterschiedlichen Perspektiven aufgenommene Fotografien, verzichtete auf das Mitmessen vorspringender Wülste oder auch nicht, setzte die Messung zur Bestimmung von Breite, Länge und Höhe an unterschiedlichen Punkten des Schädels an oder gerate bei der Messung des Hinterhaupts mit dem Zirkel in den Gehörgang, wo dieser in der Mitte keinen Widerstand fände und irgendwo am Rand hängen bleibe. Seitenlang werden die Messschwierigkeiten ausgebreitet, seitenlang bekommt man den Eindruck, dass diese Messungen niemals zu Ergebnissen führen können, die sich in gesicherten Zahlen – wovon eigentlich? – ausdrücken lassen. Die Grundlagen für die Messungen der Anthropologen waren so diffus wie die frühen Versuche, das Gewicht der Luft zu messen.[131] Beide mussten scheitern, weil sie mit falschen Vorannahmen vom zu messenden Objekt angetreten waren, aber beide lieferten Messergebnisse, die sich in vermeintlich objektiven Zahlen ausdrücken ließen.

Etwas resigniert bemerkt von Baer in seinem Nachwort, dass zukünftige Generationen den Aufwand für diese Messungen nur mit Verwunderung aufnehmen könnten, und dass „die höchsten Kleinodien des Wissens“ nicht im physischen Teil der vergleichenden Anthropologie zu suchen sein könnten, sondern im psychischen, mit Kenntnissen über die sozialen Verhältnisse und das „innere geistige Leben“ der Naturvölker, um sie der Nachwelt zu erhalten.[132] Denn ihre Zivilisation werde „vertilgt“. Eine seltene Stimme unter den Anthropologen, die die Vielfalt der Völker und ihrer Kulturen als Bereicherung empfindet und ihren Verlust bedauert. Er hoffe zwar, dass die Messungen auf allgemein akzeptierter Grundlage noch etwas zum Verständnis der Stellung des Menschen in der Tierwelt beitragen könnten, aber sah schon ihr Scheitern voraus.

Schädeltypen sind bloße Schablonen

Es dauerte weitere dreißig Jahre, bis ein Anthropologe an den fraglichen Grundlagen seines Faches kein gutes Haar mehr ließ. Zu spät, um dem Hass noch Einhalt gebieten zu können, den die Wissenschaft vom Menschen zwischen den Menschen ausgelöst hatte.

Aurél von Török (1842–1912) war der Rufer in der Wüste einer von rassistischer Ideologie vergifteten Anthropologie. Er war seit 1881 Direktor des Anthropologischen Museums an der Budapester Universität. Davor arbeitete er als Pathologe in der forensischen Medizin und erweiterte seine Kenntnisse durch Studienaufenthalte in Paris. In seinen als Laboratoriumshandbuch konzipierten *Grundzüge(n) einer systematischen Kraniometrie* geht er mit der Methodik der bisherigen Schädelmessung ins Gericht.[133] Ihre Messverfahren seien beliebig, jede Schule behaupte, ihre Messungen der Gesichtswinkel, der Horizontale und anderer Charakteristika seien ausreichend, um die wesentlichen Unterschiede der Rassen festzuhalten. Dabei sei die statistische Basis dürftig, die Vorabfestlegung von Charakteristika der Rassen Ausweis von unwissenschaftlichem Unfug. Man habe, als man eine größere Zahl von Schädeln einer Rasse untersuchte, „jene überraschende Entdeckung machen müssen, dass die individuellen Abweichungen innerhalb eines und desselben sogen. Typus (Rasse) viel größer sein können (eigentlich: sind) als zwischen den einzelnen Typen (Rassen) selbst". „Es wäre also ein unverzeihlicher Fehler, in den bisher aufgestellten Schädeltypen etwas anderes zu erblicken, als was sie sind, nämlich grobe Schablonen". Töröks grobe Schablonen sind heute durch die Paläogenetik mit einer kaum für möglich gehaltenen Präzision verfeinert. Jetzt sind die Genome von Urmenschen Schablonen, auf die unsere heutige DNA gelegt wird.[134] Aber auch für diese modernen Verfahren gilt: Das Wichtigste ist der methodische Teil. Es muss sichergestellt sein, dass die Proben nicht durch heutige DNA kontaminiert sind, sonst wird eine Schablone zur Falle für die Bewertung aller an ihr gemessenen Veränderungen.

Török plädiert für eine Wahrscheinlichkeitsrechnung, in die die Anzahl der Messungen eingehen müsste, um zu verhindern, dass nur aus Einzelfällen weitreichende Schlüsse gezogen werden. Es habe noch niemand beweisen können, dass zu einer bestimmten Schädelform ein bestimmtes Gehirn gehört. Ohne Kenntnisse der Entwicklung des Schädels im Lebensverlauf eines einzelnen Menschen seien alle Aussagen über irgendwelche Schädelcharakteristika wertlos.

Töröks vernichtende Kritik ließ die Anthropologen wie pseudowissenschaftliche Scharlatane aussehen. Von welchem Teufel waren sie geritten, als sie, die sich Wissenschaftler nannten und auf anderen Feldern auch waren, aus mit fragwürdigen Methoden gewonnenen Messergebnissen so heikle und verletzende Schlussfolgerungen zogen? Wenn Vogt als Zoologe für neue wissenschaftliche Standards geworben hat, so hat er sie als Anthropologe mit geschmeidiger Willkür umgangen und hinter einer ausufernden Debatte versteckt. Ein bewusster Akt mit klarer Stoßrichtung. Liest man die oft geschwätzigen Einlassungen der Anthropologen, die von Arroganz und kalter Selbstherrlichkeit strotzen, erfährt man ihre Wissenschaft als einen psychodynamischen Prozess der Selbstüberhöhung, als Auftrumpfen gegenüber Minderwertigem. Sie scheinen alles zu akzeptieren, was sie in dieser Haltung bestärkt, und werden blind gegenüber ihren eigenen wissenschaftlichen Ansprüchen. Sie akzeptierten ihre groben Schablonen, obwohl ihnen doch schon aus dem Alltag ihrer direkten Umgebung klar gewesen sein musste, dass sie von einem Mischmasch an Schädelformen umgeben waren, selbst wenn sie glauben sollten, sie seien aus einer einzigen Rasse. Was trieb sie dazu, kulturelle Prägungen von Intelligenz als unverrückbare rassische Eigenschaften anzusehen? Was machte sie so arrogant, dass sie in ihren Museen zwei, drei „Negerschädel" präsentierten und als Übergang zum Affen darstellten? Wissenschaft kann es nicht gewesen sein. Es war so etwas wie die Übersetzung gewöhnlicher Vorurteile in Messverfahren. Vorurteile sind leicht zu haben, sie bis zur Unkenntlichkeit durchzumessen und als Wissenschaft wieder auferstehen zu lassen, ist ein ehrgeiziges Unterfangen, das zu vollenden, alle Anstrengungen rechtfertigte.

Ihr Vorgehen ist ein Jonglieren mit einer beliebigen Anzahl von Bällen. Die Kriterien aneinander gereiht, nach denen vermeintliche Rasseunterschiede festgestellt wurden, offenbaren ein absurdes Sammelsurium: Hautfarbe, Haarfarbe, Haarform, abstehende Ohren, vorspringender

Unterkiefer, Hängebauch, Säbelbeine, Körpergröße, Zähne, Augenform, Augenabstand, Augenhöhle, Plattfüße, lange Finger, platte Nase, rundes Hinterteil, von den als typisch behaupteten Charaktereigenschaften abgesehen. Kannten sie denn keine Weißen mit Hängebauch oder Säbelbeinen, mit Plattfüßen und rundem Hinterteil, mit langen Fingern und platter Nase? Sie müssen sie übersehen haben. Zur Liste passt in surrealer Übertreibung ein Satz des Krimiautors Raymond Chandler: „Der einzige Unterschied zwischen dir und einem Affen: dein Hut ist größer".[135]

Natürlich sollte man sich darüber verständigen, wie ein Schädel gemessen werden soll, aber die entscheidende Frage ist doch, mit welchem Ziel gemessen wird. Die Anthropologen der ersten Stunde wollten klären, wie sich ihre propagierten menschlichen Rassen scharf voneinander trennen und in Schubladen wie die der zoologischen Systematiker verfrachten lassen. Ihre Vorbilder waren Affenarten und Hunderassen. Mit der neuen Erkenntnis einer evolutionären Stufenleiter wurde nicht das Rassekonzept einer strikten Trennung beim Menschen aufgegeben, sondern die Grenze zwischen Mensch und Affe aufgeweicht. Übergänge zum Affen müssten sich am Skelett, vor allem am Schädel nachweisen lassen. Der Kandidat für einen solchen Übergang war „der Neger", den Vogt allein wegen des für ihn abstoßenden Habitus an die äußerste Grenze des Menschseins platzierte. Die Messung hätte also herausfinden müssen, ob der Schädel „des Negers" nicht schon ein halber Affenschädel ist. Mit einem anderen Ansatz, bei dem „der Neger" ohne Wenn und Aber zu den Menschen gerechnet wird, hätte man die Suche nach einem Übergang auch auf „den Germanen" ausdehnen und alle Variationen der menschlichen Schädelform allen Variationen der Schädel von Affen gegenüberstellen müssen. Ohne Klarheit über das Ausmaß der Variationsbreite beim Menschen und beim Affen, ohne Klarheit über alle wesentlichen Merkmale des Menschen, gibt es keine wissenschaftlich fundierte Trennschärfe zwischen Mensch und Affe. Wie groß eine Variationsbreite sein könnte, hätte man an den gezüchteten Hunderassen sehen können, die sehr viel weiter auseinanderliegen als die beim Menschen freihändig postulierten.

Nur wenige Anthropologen schienen sich die Frage zu stellen, ob die kleineren Gehirne kleiner Menschen oder der Frauen ebenso leistungsfähig wie die der großen sind. Ihre Alltagserfahrungen mit dem anderen Geschlecht wurden nicht nur von Vogt in Stammtischmanier angeschärft und Unterschiede auf Grund der sozialen Hierarchie zu biologischen erklärt. Kognitive Leistungen waren noch nie gemessen worden. Sie wurden entlang von kulturellen Vorbehalten vergeben. Dabei wäre es doch gerade die Leistung des Gehirns gewesen, die im Mittelpunkt der Untersuchungen hätte stehen müssen, des Organs, durch das der Mensch sich am eindeutigsten von den Tieren unterschied. Aber nein. Sie haben Intelligenz mit der Küchenwaage gemessen und das Gehirn wie einen Fleischklumpen behandelt. Der Widerspruch zwischen millimetergenauen, aber mit großen Unsicherheiten behafteten Messungen des Schädels und seines Inhaltes und der grobschlächtigen Zuordnung in höhere oder niedrigere menschliche Rassen ist wissenschaftlich nicht zu fassen, er ist präziser als Macht der Vorurteile zu beschreiben, die in den Gesellschaften kursierten. Und da gab es massenhaft Unterdrückung von Fähigkeiten, deren Wirkung durch die Anthropologen als biologische Konstante gewertet wurde. Der erste Intelligenztest wurde von Alfred Binot (1857–1911) und Theodore Simon (1872–1961) erst 1905 gemacht, nicht um Rasseunterschiede zu klären, sondern um Kinder für die Schulen zu sortieren, weiße Kinder mit erstaunlichen Unterschieden in ihren geistigen Fähigkeiten, während die Fähigkeiten von Schwarzen, in den allermeisten Fällen Sklaven, durch Anthropologen über einen Leisten gezogen und als biologische Konstante einer Rasse gewertet wurden.

Kraft und Stoff – ein rassistischer Bestseller

1861 war das Todesjahr von Tiedemann. Bilharz starb 1862. Vogt hielt seine Vorlesungen über den Menschen 1863. Der Neandertaler war 1856 gefunden worden. Ein Jahr davor schrieb der Darmstädter Arzt *Ludwig Büchner* (1824–1899), der jüngere Bruder des Schriftstellerarztes Georg Büchner, mit *Kraft und Stoff* einen Bestseller, der noch zu seinen Lebzeiten 19 Auflagen und die Übersetzung in 13 Sprachen erreichte.[136] Mit der 18. deutschen Auflage von 1894 waren 60000 Exemplare verkauft worden. Dieser Paukenschlag hat der öffentlichen Debatte im Materialismusstreit der Jahrhundertmitte enormen Auftrieb verschafft. Das populärwissenschaftliche Buch wurde zum Evangelium der Materialisten, von Ludwig Büchner immer wieder mit langen Vorworten in die Auseinandersetzungen der Zeit eingebettet.

Büchner zeigt sich in *Kraft und Stoff* nicht nur als ein Materialist gegen Naturphilosophie und Religion. Er war auch derjenige, der eine materialistische Haltung bruchlos in einen besonders üblen Rassismus überführte, so selbstverständlich, als müssten die neuen naturwissenschaftlichen Erkenntnisse und Methoden mit zwingender Logik zu einer Abwertung niederer Menschenrassen führen. Die meisten Biographen finden diese Seite Büchners trotz seiner großen gesellschaftlichen Wirkung keiner Erwähnung wert. Es zählt sein materialistischer Standpunkt und nicht die Verknüpfung dieses Standpunktes mit rassistischen Vernichtungsphantasien. Er war darin schlimmer als Vogt und ebenso wirkmächtig wie dieser. Beide waren radikale Demokraten, unerbittliche Materialisten und Darwinisten, kaum zu bändigende Rassehunde gegen die alte Ordnung von Politik und Wissenschaft, aber sie haben auch alles sonst, was sie nicht riechen konnten, weggebissen. Von demokratisch geprägter Humanität keine Spur. Unübertrefflich glatt und von eiskalter Logik ist folgender Absatz Büchners:

„Die ganze, in der neueren Zeit mit so besonderer Vorliebe ausgebildete Wissenschaft der vergleichenden Anatomie beruht auf dem Streben, die Übereinstimmung der anatomischen Formen durch die ganzen Thierreiche nachzuweisen, und auf der wissenschaftlichen Erkenntniß, daß ein gemeinsamer und nur im Einzelnen Modificationen erleidender Grundplan für alle thierischen Formen existiert. Eine ununterbrochene Reihe der vielfachsten und mannigfaltigsten Übergänge und Ähnlichkeiten verbindet die ganze Thierwelt untereinander vom Niedrigsten bis zum Höchsten. Selbst der Mensch, der sich in seinem geistigen Hochmuthe weit erhaben über die ganze Thierwelt dünkt, ist weit entfernt, von diesem Gesetz eine Ausnahme zu machen. Die äthiopische Menschenrace verbindet ihn durch eine Menge der schlagensten Aehnlichkeiten mit der Thierwelt auf eine ganz unverkennbare Weise“.[137]

Büchner war kein Anthropologe, er war Arzt und habilitierter Dozent für Gerichtsmedizin an der Universität Tübingen. Nach der Veröffentlichung von *Kraft und Stoff* wurde ihm die Lehrerlaubnis entzogen, und Büchner übernahm die Praxis seines Vaters in Darmstadt. Er war eines der vielen Opfer der Reaktion auf die Ereignisse der 48er-Revolution, die panisch auf die Kraft der neuen Naturwissenschaften reagierte und ein Aushebeln ihrer ideologischen Herrschaftsmechanismen befürchtete.

Büchner der Popularisierer war zwar Kirche und herrschendem Adel ein Dorn im Auge, aber er war mit seinen von Vorurteilen triefenden Behauptungen auch gefährlich für die sich herausbildende Gemeinde naturwissenschaftlich Interessierter. Er verwandelte fragwürdige Hypothesen durch widerspruchsfreie Darlegungen wissenschaftlicher Ergebnisse in gesicherte Thesen. Als Bestsellerautor war er deshalb gefährlicher als Vogt, der seine rassistischen Ausfälle mit ausführlichen Schädelmessungen und Beobachtungen von Ethnologen zu begründen suchte, an deren Interpretation sich die Geister noch scheiden konnten.

Büchners Suade auf die „angeborene geistige Inferiorität der schwarzen Race", die „den Weißen gegenüber als Kind dasteht und immer dastehen wird" endet mit dem Indianer und seinem „kleinen, eigenthümlich geformtem Schädel", der durch „das Voranschreiten der kaukasischen Race nicht der Cultur gewonnen, sondern *ausgerottet*" werden wird, von Büchner gesperrt gedruckt. Diese Vernichtungsphantasien bilden den unerträglichen Schlusspunkt einer Abwertungsreihe aller Menschen, die nicht der „kaukasischen Rasse", also der Rasse der Weißen angehören.[138] Sein Buch war ein Versprechen an den weißen Mann, Macht ausüben zu können, weil er schon biologisch in einer aufsteigenden Linie vom Niedrigsten zum Höchsten ganz oben steht. Der Göttinger Physikprofessor Georg Christoph Lichtenberg in seinem Sudelbuch wusste es schon: „Der Amerikaner, der den Kolumbus zuerst entdeckte, machte eine böse Entdeckung".[139]

Carl Vogts Kronzeugen

Die Phalanx der Schädel messenden Anthropologen zog kolonialistentypisch international an einem Strang, ohne zu vergessen, auch ihre jeweiligen nationalen Präferenzen Schädel messend auszuschlachten. Überall ist ein ähnliches Muster erkennbar: Selbstüberhöhung und Abwertung des Anderen. Sie sind in der Rasseneinteilung von nieder nach höher angelegt und lassen sich mühelos mit großem wissenschaftlichen Brimborium auf Frauen, Gesellschaften, Kulturen und Nationen übertragen. Hier drei Vertreter, die von Vogt häufig zu Kronzeugen gemacht wurden, darunter einer, der seine Auffassung nicht teilt:

Paul Broca (1824–1880) war 1861 der Entdecker des motorischen Sprachzentrums und im gleichen Jahr der Verfasser einer Abhandlung, in der dem Hirngewicht, seinen „kleinen Gehirnen“, eine überragende Bedeutung für die Höhe der Intelligenz zugeschrieben wurde.[140] So schloss er aus seinen Schädelmessungen, dass „die relative Kleinheit des Gehirns der Frau zugleich von ihrer physischen und intellektuellen Unterlegenheit“ abhinge und dehnte in manipulativen Verfahren seine Methode so lange auf Nationen aus, bis Franzosen im Durchschnitt über ein größeres Gehirn verfügten als Deutsche.[141] Sein Einfluss auf die Schädel messende Zunft ist kaum zu überschätzen. Broca galt nach der Entdeckung des motorischen Sprachzentrums bei einem verstorbenen jungen Syphilitiker mit massiver Sprechbehinderung als Koryphäe in neuroanatomischen Verfahren und hatte als Gründer der *Société d'Anthropologie de Paris* 1859 einen enormen Einfluss auf die Methodik der sich herausbildenden Anthropologie.

Hermann Burmeister, ein Allround-Naturwissenschaftler, der mit einer Arbeit über das System der Insekten zum Dr. med. und mit einer Arbeit über den Bau der Fische zum Dr. phil. promoviert wurde, hatte Südamerika in den 1850er-Jahren acht Jahre lang bereist und war seit 1864 Mitglied der *Anthropological Society of London* und seit 1872 der *Deutschen Gesellschaft für Anthropologie, Ethnologie und Urgeschichte.* Politisch als ein Vertreter der äußersten Linken 1849 ins preußische Abgeordnetenhaus gewählt und als Professor an der Universität Halle-Wittenberg mit seinen naturwissenschaftlichen Vorlesungen kaltgestellt, wurde er 1862 Direktor des *Museo Público* in Buenos Aires.[142] Burmeister wird von Vogt zur Beschreibung der Anatomie des „Negers“ benutzt, um ihn in die Nähe von Tieren zu rücken, besonders mit seiner Hand, deren Merkmale „sich entschieden der Affenhand nähern“.[143] Nach Burmeister steckt nicht viel geistiges Leben im „Mohren“, ein Urteil, das er nach einer missglückten Gesprächsaufnahme mit denjenigen schwarzen Sklaven Brasiliens, die von ihm gerade vermessen worden waren, gefällt hat.[144] Der Artikel erschien am 1. 1. 1853 auch in der New Yorker *Evening Post,* wo er auf eine Gesellschaft traf, die in der Frage der Sklavenbefreiung auf einen Bürgerkrieg zusteuerte.

Der britische Professor für Naturgeschichte, *Thomas Henry Huxley* (1825–1895), den Vogt zur Bewertung des Gorillafußes herangezogen hat, hatte eine gänzlich andere Vorstellung über die Stellung des Menschen in der Natur.[145] Er betrachtet den Menschen und nicht einzelne höhere oder niedere Rassen. Hauptunterscheidungsmerkmal zwischen Mensch und Affe sei die artikulierte Sprache. Er bezweifelt, dass mit den bisherigen Methoden der Schädelmessung eine sichere Grundlage für die Unterscheidung von Menschenrassen herzustellen sei.[146]

Huxley untersucht den Unterschied zwischen Fuß und Hand und sieht die Opposition des Daumens beim Menschen, äußert sich aber nicht zur Funktion der Opposition des Daumens beim Gorilla. Dessen Hand sei der des Menschen ähnlich, der Daumen kürzer und plumper, sein Fuß unterscheide sich sehr deutlich von dem des Menschen.[147] Er ist ein Greiffuß mit opponierter Großzehe, was ihn zur Greifhand macht, auf der nur schwer zu laufen ist. Dieses wichtige Detail des Fußes wird von Huxley nicht näher erläutert, und auch Vogt bemerkt dazu nur beiläufig, dass ein Schimpanse nie wirklich aufrecht steht. Er konzentriert Huxleys Ergebnisse über den Gorillafuß in einer knappen, ressentimentgeladenen Formel, aus dem keinerlei funktionelles Verständnis für den Fuß des Gorillas als Greiffuß zu erkennen ist: „Der Fuß des Gorilla ist weit menschenähnlicher als der aller Affen und der Fuß des Negers weit affenähnlicher als derjenige des Weißen".[148] Ein Greiffuß soll menschenähnlich sein? Vogt verwechselt Hand mit Fuß. Huxley hatte auch nicht den Fuß des „Negers", sondern den Fuß des Menschen mit dem eines Gorilla verglichen.

Der Gorilla war, wie andere Primaten auch, mit seiner Hand schon ein „Pinzettengreifer" wie der Mensch. Aber weder Hand noch Fuß werden von Vogt und Huxley in ihrer Funktionalität für Greifen und aufrechten Gang so beschrieben, dass eine Trennschärfe zwischen Affe und Mensch entsteht. Denn egal, ob man den Fuß des Gorillas Greifhand nennt oder die Füße von Primaten wie Blumenbach Hände und sie als Vierhänder einordnet: ohne Untersuchung, was die Tiere damit machen, entsteht kein genaues Bild. Auch hier bleiben die Anthropologen hinter der Forderung der vergleichenden Anatomen ihrer Zeit zurück, die Physiologie von Organen zu untersuchen, zu begreifen, wie sie ihre Arbeit verrichten und wie sie mit den übrigen Organen zusammenspielen.

Versuche, aus der Anatomie des Gehirns Aussagen über die Verwandtschaft zwischen Affe und Mensch herzuleiten, scheiterten schon an der unzulänglichen Präparation der Gehirne und fehlerhaften Darstellungen in den Veröffentlichungen. Der Geologe *Charles Lyell*, den Vogt nur bei einigen geologischen Fragen heranzieht, referiert sie ausführlich in seinem Buch über das Alter des Menschengeschlechts und lehnt Festlegungen auf dieser ungesicherten Basis ab.[149] Noch unsicherer sei es, eine Rangfolge in der Intelligenz festzulegen, „ob ein durchaus unmerklicher Fortgang von der höchsten Intelligenz der nächstniederen Thiere zu der der Vervollkommnung fähigen Vernunft des Menschen stattgefunden habe".[150] Solche Zweifel hätten nun gar nicht in Vogts Konzept gepasst. Möglicherweise war ihm Lyells Abhandlung bei Veröffentlichung seiner Vorlesungen noch nicht bekannt.

Huxley und Lyell sind Wissenschaftler, die sich mit Wertungen zurückhalten, wenn sie das Gefühl haben, dass man noch viel zu wenig über einen evolutionären Vorgang weiß, der gerade erst von Darwin als Hypothese formuliert worden war. Für Vogt ist die Hypothese Darwins eine Tatsache, der er nur noch Details hinzuzufügen braucht. Er springt wie besessen auf jeden noch so kleinen Unterschied am Schädel, an den Händen und Füßen, bei der Hautfarbe und beim Haargekräusel, um ihn im Sinne seiner Anfangsbehauptung einer Stufenleiter vom Affen über „den Neger" bis zum Germanen zu werten, ganz unwissenschaftlich emotional angetrieben von Hass und Ekel.

Ein Scheitern der Anthropologie als Wissenschaft

Gescheitert ist die Anthropologie als Wissenschaft an sich selbst. Sie ist gescheitert an kolonialer und sozialer Arroganz, an interessierter Verwechslung von kultureller und sozialer Prägung des Menschen mit dessen biologischer Ausstattung. Und sie war blind angesichts der Vielfalt der Gesellschaft, in der sie lebte. Ich habe den Eindruck gewonnen, dass viele Anthropologen nicht einmal wussten oder es nicht allzu genau wissen wollten, was ein Mensch ist. Dabei ist es gar nicht so schwer. Er spricht, er geht aufrecht auf zwei Beinen und er hat eine sehr geschickte Hand. Diese drei eindeutig als menschlich zu identifizierende Eigenschaften, als Grundlage für funktionelle Vergleiche vermeintlicher Rassen genommen, hätte verblüffende Ergebnisse erbracht: alle Menschen, ob schwarz oder weiß, sind in der Lage, ihre Umwelt mit Worten zu beschreiben, alle Menschen, ob kurz- oder langfingrig, basteln mit ihnen das, was sie zum Leben brauchen, alle Menschen, ob Plattfuß, Hohlfuß oder Spreizfuß, gehen damit aufrecht. Umgekehrt ist es doch so, dass der Mensch sehr viel Übung braucht, wenn er sich wie ein Affe an einem Arm durch Bäume hangeln will, mit elegantem Schwung die Bewegung der Äste nutzt und schnurstracks an den Stämmen hoch auf Ästen entlang rennt, um sich kopfüber eine Frucht zu angeln. Das machen wir ihm nicht so leicht nach, weil unsere Hände, Füße und unser Gleichgewichtsorgan nicht auf ein akrobatisches Leben in den Bäumen vorbereitet sind. Wir sollten festen Boden unter unseren Füßen haben, wie der amerikanische Kriminalschriftsteller Dashiell Hammett wusste, als er eine junge Frau beschrieb: „Ihre Haltung war aufrecht, ohne Steifheit, in der Weise eines Menschen, der seines eigenen Gleichgewichts sicherer als der der Festigkeit des Bodens unter seinen Füßen".[151]

Von Funktionsvergleichen durch Anthropologen ist mir im 19. Jahrhundert nichts bekannt, obwohl sich die Physiologie des Menschen seit Mitte des Jahrhunderts als eigenständiges universitäres Fach etabliert hatte und mit den Lehrbüchern von Johannes Müller (1801–1858) und *Carl Ludwig* (1816–1895) der Weg und das Arbeitsfeld abgesteckt worden waren. Ludwig beklagt 1858 in seinem Lehrbuch zum Beispiel, dass durch die Anatomen bisher ohne ein Verständnis der Bewegung, der Achsen der Gelenke, der Ansatzpunkte der Muskeln bei der Darstellung der Knochen, Sehnen und Muskeln „fast noch nirgends vorgearbeitet ist; sie beschreiben fast überall statt der wesentlichen die unwesentlichen Dinge. Darum ist es auch vollkommen unmöglich, die inhaltsreichsten Fragen einer Beantwortung entgegenzuführen, z. B. die nach der Harmonie des Skelets mit den übrigen Körperbestandtheilen, warum gerade diese und keine anderen mechanischen Prinzipien für den Aufbau des Skelets verwandt werden mussten …".[152] Er beschreibt die Wirbelsäule als „elastische Säule", den Fuß als Lastträger mit drei Stützpunkten, die Kräfte, die beim Gehen auf das Skelett wirksam werden und das komplizierte Zusammenspiel von Zunge, Rachen, Kehlkopf und Atmung bei der Erzeugung der Sprache schon so detailliert, dass Anthropologen genügend anatomisch-funktionelle Vergleichsmöglichkeiten mit den Affen zur Verfügung gehabt hätten.

Um eine solche funktionelle Klärung hätte es den Anthropologen, allesamt Mediziner und Anatomen, gehen müssen, eine Klärung, die die Unterschiede zwischen Affe und Mensch anhand ihrer Fähigkeiten herausarbeiten. Wie hängt der Bau des Fußes, der Wirbel und des Beckens mit dem aufrechten Gang zusammen, wie die Beweglichkeit des Daumens mit der Fingerfertigkeit und der Bau des Kehlkopfes mit der Sprache? Die Anthropologen waren in ihrer überwiegenden Mehrzahl altmodische Anatomen und Taxonomen, die die Errungenschaften ihres eigenen Faches nicht für die Bewertung ihrer Knochenbefunde nutzten und, wie Ludwig zurecht bemängelt, sich verständnislos an funktionell unwesentlichen Variationen abarbeiteten. Es zählte das äußere Erscheinungsbild bis zur karikaturhaften Überzeichnung in den Abbildungen, es zählte der subjektive Eindruck, der dann, in eine abstrahierende Geometrie von Messpunkten übersetzt, mit Tiraden von Vorurteilen aus der kulturellen und sozialen Sphäre bewertet wurde. Auf der Stufenleiter von niederen nach höheren Menschenrassen saßen die Anthropologen selbst ganz oben, eine *scala naturae,* die an den strengen hierarchischen Aufbau der Himmelsleiter mit den abgestuften Kompetenzen der Engel erinnert (Hartmann Schedel, Weltchronik 1493), aber mit der dynamischen Theorie der Evolution begründet wurde – in einer Art biologistischer Ständegesellschaft, die die ganze von Kolonialmächten beherrschte Welt umfasste. Entscheidend jedoch sind nicht die Unterschiede zwischen Menschen. Entscheidend ist, wie man sie bewertet. Das jedenfalls haben die Anthropologen der Rassen nur allzu gut begriffen und sich alle Freiheiten herausgenommen, sie selbst zu erhöhen und andere zu erniedrigen (Abbildung 22).

Die abwertende Behandlung fremder Völker gipfelte in den kommerziell organisierten und von allen Kolonialmächten aus propagandistischen Gründen geförderten Völkerschauen, im deutschen Sprachraum erstmals 1878 durch den Tierhändler und Zoodirektor Carl Hagenbeck (1844–1913) mit einer Nubierkarawane in der Rotunde des Prater in Wien – wissenschaftlich begleitet durch Schädel messende und fotografierende Anthropologen und Ethnologen.

Nicht wenige dieser rassistischen Anthropologen und Ärzte hatten eine radikaldemokratische Biographie. Das ist schwer zu verdauen und noch schwerer zu erklären. Sie waren Kämpfer gegen die spekulative Naturphilosophie, Agitatoren für eine evolutionäre Verbindung des Menschen mit der Tierwelt, machten Front gegen die Dummheit des Standesdünkels, die Habgier der herrschenden Adelsfamilien und landeten bei der Abwertung andersartiger Menschen und ihrer eigenen Frauen. Ihre Evolution bekam Stiefel, die nach unten treten, ihr Rassismus ein

Abbildung 22: Die Autoren haben die Abbildung vom Professor für Anatomie in Philadelphia Samuel George Morton (1799–1851) übernommen, einem der übelsten manipulativen Anthropologen in der Bestätigung seiner Rassentheorie. Hier werden wie in einer Karikatur ein Hottentotte als Kutscher und eine Hottentottenfrau aus Somerset mit einem Orang-Utan und einem Schimpansen verglichen, aber es ist eine ernst gemeinte wissenschaftliche Abbildung. Aus: J. C. Nott, Geo R. Gliddon. Types of Mankind or Ethnological Researches. 7th edition. Philadelphia 1855, S. 459.

abgetragenes wissenschaftliches Mäntelchen. Glaubten sie wirklich, mit unendlichen Zahlenreihen aus Schädelmessungen die Vielfalt der Menschen auf ihre Kopfgeburt von Rassen reduzieren zu müssen, weil nur so ihre Evolutionstheorie zu beweisen war? War Materialismus für sie ein Freibrief zur Selbstermächtigung, für einen methodischen Amoklauf, bei dem alles erlaubt war, wenn er nur den Gegner vernichtete? Selbst das niederschmetternde Ergebnis einer Abwertung von mehr als der Hälfte der Weltbevölkerung zu Minderwertigen, aller Frauen und aller Schwarzen und aller anderen „niedrigen Rassen“, hat sie nicht an ihrem Vorgehen und ihren Bewertungen zweifeln lassen.

Die Evolutionstheorie kann nicht als wissenschaftlicher Sündenbock herhalten. Sie war in der Zeit nach 1848 eine Hypothese mit noch sehr wenigen gesicherten Anhaltspunkten. Den Begründern der Schädelmessung, Blumenbach und Soemmerring, war sie nicht bekannt. Beide waren Taxonomen wie die Botaniker und Zoologen. Ordnen war die Devise, um Gottes raffinierte Schöpfung in seiner Vielfalt zu erfassen. Bei Soemmerring gibt es den ersten Hinweis, dass der Mensch nicht absolut sicher vom Affen getrennt werden könnte. Er sah das Bindeglied im „Mohren“, dessen geistige Fähigkeiten etwas unterhalb der des Weißen anzusiedeln seien. Schon diese frühe Bestimmung menschlicher Rassen war mit einer

Abwertung verknüpft. Sie stammt aus dem modernisierten Werkzeugkasten der Taxonomie und hatte nichts mit Evolutionstheorie zu tun. Den wissenschaftlichen Rassismus gab es lange vor der evolutionären Stufenleiter, die wissenschaftliche Faszination für Schädelmessungen ebenso wie Furore machende Ergebnisse von Scharlatanen, wie die des Phrenologen Gall und die des Physiognomen Lavater. Es gab die Erfahrung, dass man mit einem als ernsthaft wissenschaftlich propagiertem Vorgehen über die Stellung des Menschen als Krone der Schöpfung ganze Gesellschaften in seinen Bann ziehen und sich selbst zu einem ihrer genialen Vertreter machen konnte.

Die enge fachliche Verbindung von Medizin, Zoologie und Anthropologie erleichterte die Zusammenschau von Mensch und Tier. Gleiche Regeln für alle war die Devise. Nur: Die Methodik blieb gespalten. Altmodische, durch Messungen auf die Spitze getriebene Taxonomie der Anthropologen und experimentelle Physiologie der Zoologen. Wissenschaftlich liegt darin das Problem, und es ist wissenschaftlich nicht zu klären, weil die Anthropologen als Mediziner ebenfalls über die modernen Methoden der vergleichenden funktionellen Anatomie verfügen konnten. Sie haben sich ihrer nicht bedient. Warum?

Ich denke, weil sie sie nicht brauchten. Sie brauchten sie nicht zur Bestätigung ihrer bereits feststehenden These einer Existenz niederer und höherer Menschenrassen. Sie brauchten sie nicht für einen Übergang des „Negers“ zum Affen. Sie brauchten sie nicht zur Klärung einer Hypothese, weil sie keine hatten. Was sie hatten, war ein Bündel gesellschaftskonformer Vorurteile. Und was sie damit machten, war ein mit großem Aufwand betriebener wissenschaftlicher Unfug von magischer Kraft auf eine durch Orientalismen und Exotismen in den Bann geschlagene Gesellschaft.

Aus der legitimen Frage, wie sich der Mensch aus den Affen entwickelt haben könnte, statt von Gott erschaffen worden zu sein, wurde ein Projekt zur Denunziation Andersartiger und ihrer Erniedrigung zu Affenähnlichen. Der anscheinend unwiderstehliche Drang, sich selbst als Gipfel der Menschwerdung zu inszenieren, machte auch vor weißen Frauen nicht Halt. Wissenschaftliche Standards blieben beim Ausmessen dumpfer Vorurteile auf der Strecke. Unter solchen Bedingungen braucht einen auch das Fehlen von Neugier auf die lebendige Menge draußen nicht zu wundern, deren Ansammlung von unterschiedlichen Schädeln die Regale aller Museen der Welt gesprengt hätte. Es fehlte die Neugier auf alles, was menschlich und was menschliches Handeln ist, wie sie Simenons Kommissar Maigret mit seiner Methode emphatischer Beobachtung praktiziert (George Simenon, Maigret 1934). Aus dem Schädelknochen einer Bergziege ist nicht ihr akrobatisches Können in steilen Felswänden herauszulesen, aus dem menschlichen nicht sein Sprachvermögen und aus einer Zerkarie nicht ihr Eindringen in die Haut von Wirbeltieren. So einfach ist das und so schwer, wenn nicht Beobachtung, sondern vorgefasste Meinungen die Untersuchung bestimmen.

Ausblick: Populationsgenetik und Ökologie der Parasiten

Die Systematiker von 1850/60 waren wie die Populationsgenetiker heute mit den willkürlichen Taxonomien ihrer Vorgänger konfrontiert. Solche Einteilungen spiegeln nicht nur den Stand des Wissens, sondern immer auch weltanschauliche Überzeugungen wider. Besonders vertrackt wird die Lage, wenn sich die Weltanschauung hinter vermeintlich gesicherten empirischen Daten verbirgt oder solche Daten nur zu ihrer Bestätigung erhoben werden.

Mit der Genetik kamen die alten Diskussionen über eine Abgrenzung der Arten und ihrer Berechtigung beim Menschen wieder hoch. Heutige Zoologen scheinen die Übertragung ihrer Konzepte der Klassifizierung aus dem Tierreich nach umfangreichen Untersuchungen der menschlichen DNA abzulehnen. Johannes Krause, Direktor des Max-Planck-Instituts für Menschheitsgeschichte, findet zwischen zwei Schäferhunden kaum genetische Unterschiede, aber viele zwischen Schäferhund und Dackel. „So etwas gibt es beim Menschen nicht". Die Aufteilung der Rassen nach Kontinenten mache genetisch keinen Sinn. Genetisch gesehen seien Europäer Ostafrikaner. Die genetische Diversität sei innerhalb Afrikas größer als im Rest der Welt.[153]

Statistische Tücken der Populationsgenetik sieht der Biodiversitätsforscher am Senckenberg Institut Jörg Albrecht:

„Wer sich vornimmt, Rassen zu definieren (oder Subpopulationen, Ethnien, Volksgruppen, wie immer man das nennen mag), der bekommt es mit statistischen Fallstricken aller Art zu tun. Es gibt Hunderte von Computerprogrammen, die geschrieben wurden, um die Myriaden von Gendaten zu sichten, die sich inzwischen angesammelt haben. Eines dieser Programme wurde vom Biomathematiker Jonathan Pritchard entwickelt und heißt „Structure". Es dient dazu, sogenannte Cluster ausfindig zu machen, also Gruppen von Individuen, die mit einer mehr oder weniger großen Wahrscheinlichkeit bestimmte Allele teilen; das können verschiedene Ausprägungen von Genen oder sonstigen DNA-Abschnitten sein. Dort, wo sich Gemeinsamkeiten häufen, darf man eine kollektive Abstammung vermuten.

Wer sich auf solche Analysen einlässt, muss schon vorab etliche Randbedingungen festlegen. Im Falle von „Structure" muss er beispielsweise in den Computer eingeben, wie viele Subpopulationen (oder Rassen) er finden will. Außerdem muss er berücksichtigen, ob sich die Gesamtpopulation im sogenannten Hardy-Weinberg-Gleichgewicht befindet oder nicht. Dieses nach einem Arzt und einem Mathematiker benannte Gesetz beschreibt, mit welcher Frequenz zwei verschiedene Allele (Genvarianten H.V.) in einer Idealbevölkerung verteilt sind. Ferner spielt noch eine Rolle, ob die untersuchten Allele sich im „linkage disequilibrium" befinden, ob sie also mehr oder weniger eng aneinander gekoppelt sind oder unabhängig voneinander vererbt werden. Je nachdem, wie sich der Forscher festlegt, kommen bei der Untersuchung von Populationen völlig unterschiedliche Resultate zustande.

Das alles ist schon diffizil genug. Wer nun aber wirklich in methodische Schwierigkeiten kommen will, nimmt sich vor, auf verschiedenen Kontinenten verschiedene Rassen zu orten und ihnen jeweils bestimmte Charaktere und Verhaltensmuster zuzuschreiben. Dann kombiniert er in unguter Weise die inhärenten Schwächen der Verhaltensgenetik mit den statistischen Tücken der Populationsgenetik".[154]

Der vermeintlich objektive Computer muss also vorab mit einer „Struktur" gefüttert werden, die dann als Ergebnis exakt diese Struktur widerspiegelt. Damit hat die Populationsgenetik mit denselben Problemen zu tun, die die Schädelvermesser umgetrieben haben: Nach welchen Kriterien am knöchernen Schädel sollen Arten voneinander abgegrenzt werden? Kann die Anthropologie die gleichen Maßstäbe zur Artbestimmung anlegen wie die Zoologie an Tiere? Wie soll die Struktur einer Untersuchung beschaffen sein, und welche Eigenschaften unterscheiden den Menschen eindeutig von den Tieren?

Es hat keinen Sinn, den Menschen in Rassen aufzuteilen. Das zumindest ist eine jetzt gesicherte Erkenntnis. Solche Versuche sind immer willkürlich. Stephen Jay Gould spricht 1984 vom „Aufzwingen einer formalen Nomenklatur", was angesichts der „dynamischen Strukturen der Variabilität" geradezu irrenführend sei. „Populationsgenetische Unterschiede sind daher nicht statisch als Ergebnis von geographischer Isolation, sondern dynamisch als Ergebnis von Wanderungen zu verstehen".[155] Das ist eine Meinung, die Camper und Blumenbach sofort unterschreiben würden, nicht aber Soemmerring, Morton, Broca, Vogt und Konsorten.

Mit ihrer *Jenaer Erklärung* zum Konzept der Rassen wandte sich die Deutsche Zoologische Gesellschaft 2019 auf ihrer 112. Jahrestagung an die Öffentlichkeit:

„Festzulegen, welche taxonomische Unterschiedlichkeit bzw. genetische Differenzierung ausreichend wäre, um Rassen bzw. Unterarten zu unterscheiden, ist aber rein willkürlich und macht damit auch das Konzept von Rassen/Unterarten in der Biologie zu einem reinen Konstrukt des menschlichen Geistes. Das heißt nicht, dass es keine genetische Differenzierung entlang eines geographischen Gradienten geben kann, doch ist die taxonomische Bewertung dieser Differenzierung (als Rasse oder Unterart oder eben nicht) willkürlich."

Die verfehlte Analogie zu Haustierrassen habe dazu verführt, mit gleichem Recht von Menschenrassen sprechen zu können. Zwischen menschlichen Gruppen gebe es aber nur genetische Gradienten, sonst nichts. Kein einziges Basenpaar der DNA begründe sogenannte rassische Unterschiede.

Die Taxonomie der Zoologie ist dagegen wissenschaftlich noch nicht überholt. Mit den Untersuchungen zur Biodiversität erfährt sie einen neuen Schub und eine Ausdehnung auf bisher unbekannte Arten. „Dark Taxa" nennen die Zoologen ein Programm, das die Biodiversität der meist unbekannten oder noch nicht beschriebenen Kleinstlebewesen erforschen soll. Zur Klassifizierung nutzen sie 600 Basenpaare der Mitochondrien als „Barcode". Unter diesen Unbekannten sind zahlreiche Parasiten, z. B. winzige Wespen, die in winzige Larven ihre Eier legen.[156] Inzwischen sieht es so aus, als sei der Parasitismus die Regel und nicht die Ausnahme in einer vernetzten Natur.

Der Entdecker des Generationswechsels bei den Salpen, Adelbert von Chamisso, sah die Natur schon 1827 in einem Netz gegenseitiger Abhängigkeiten:

„Ein vielfältiges Band wechselseitiger Bedürfnisse verbindet untereinander alle Geschöpfe und läßt die Einheit der Natur aus der Vielheit der Erzeugnisse hervorgehen. Das Bestehen jeder Art beruht auf dem Bestehen vieler anderer Arten; jede wird durch andere erhalten, durch andere beschränkt und erhält und beschränkt wiederum andere“.[157]

Das liest sich 200 später in einer Pressemitteilung des Alfred-Wegener Instituts vom 2. 6. 2021 wie eine Prophezeiung der neuesten Ergebnisse der Forschung zu den Salpen. Der hier erwähnte Krill sind garnelenförmige Krebstiere als Bestandteil des Planktons:

„Forschende des Alfred-Wegener-Instituts haben erstmals experimentell die Freisetzung von Eisen aus den Kotballen von Krill und Salpen unter natürlichen Bedingungen gemessen und dessen Verfügbarkeit an einer natürlichen Gemeinschaft von Kleinalgen des Südpolarmeeres getestet. Antarktisches Phytoplankton kann den Mikronährstoff Eisen aus dem Kot von Salpen im Vergleich zu Krill besser aufnehmen. Beobachtungen der letzten 20 Jahre zeigen, dass der antarktische Krill im Südpolarmeer als Folge des Klimawandels zunehmend von Salpen verdrängt wird. In Zukunft könnten Salpen effektiver als Krill die Fixierung des Treibhausgases Kohlendioxid durch antarktische Mikroalgen ankurbeln“.[158]

Heute werden Parasiten auch als Indikator für intakte Ökosysteme entdeckt und erforscht: „Parasiten leben in jedem Lebensraum auf jedem Kontinent und in jeder Öffnung, jedem Organ und jedem Körperteil ihrer Wirte. Und sie gehören zu den extremsten Spezialisten der Welt, mit wild verschlungenen Lebenszyklen, die manchmal bis zu fünf verschiedene Wirte erfordern, um sich vom Ei über die Larve zum erwachsenen Organismus zu entwickeln. »Es ist einfach ein wunderschöner Ausdruck der Komplexität der Natur und ihrer Vernetzung«, schwärmt Chelsea Wood, Parasitenökologin an der *University of Washington* (Rachel Nuwer, Auch Parasiten brauchen Schutz).[159]

Man schätzt die Zahl der parasitischen Würmer auf 300 000, von denen nur ein Bruchteil erforscht ist. Viele dieser Tiere sind in Schwierigkeiten, weil ihre Nahrungskette unterbrochen ist. Man kann sie als Indikator für eine intakte Umwelt benutzen, denn wenn nur eines der Lebewesen für die komplizierte Entwicklungskette fehlt, gehen sie zugrunde. Sie seien „eine verborgene Ebene der Komplexität“, so Wood. In einem Projekt vergleicht die Arbeitsgruppe von Wood die Übertragung von Parasiten in Korallenriffen, die unterschiedlich stark vom Menschen beeinflusst werden. Ein anderes Projekt untersucht, wie sich die Ökologie von Flüssen, Seen und Teichen, die als Wasserentnahmestellen dienen, auf die Zahl der Bilharziose-Infektionen der Menschen in Westafrika auswirkt.

Im *Burke Museum of Natural History and Culture* in Washington, in dem 13 Millionen Fische in Ethanol aufbewahrt werden, sucht sie nach Parasiten. Die Fische seien „Parasiten-Zeitkapseln". Um sie zu identifizieren bediente sie sich „einer Kunstform, die gerade verloren geht", der Taxonomie. Erstmals werden durch die Untersuchung von vor langer Zeit konservierter Fische auch quantitative Aussagen über Vermehrung oder Verminderung der Parasiten und deren Reaktionen auf Umwelteinflüsse möglich. Vermehrt sich z. B. ein Wurm, der häufig in Sushi vorkommt und beim Menschen Durchfall und Erbrechen auslösen kann, interessiert sich Wood für die Meeressäuger, die Endwirte des Wurms, die unter der Zunahme leiden, wie die vom Aussterben bedrohten Schwertwale. Parasitische Würmer sind zu Indikatoren für intakte oder zerstörte Netzwerke von Lebewesen geworden, zu einem diagnostischen Instrument.

Wie eng die Beziehung zwischen Parasit und Wirt sein kann, zeigt ein Fischbandwurm *(Schistocephalus solidus)*, der den dreistacheligen Stichling, einen kleinen Fisch, als zweiten Zwischenwirt befällt. Endwirt ist ein Vogel, in dem sich die geschlechtsreifen Würmer entwickeln und über den Vogelkot ihre Eier ins Wasser abgeben. Aus ihnen entstehen nicht-infektiöse Larven, die von einem Ruderfußkrebs *(Macrocyclops albidus)* gefressen werden. Der Ruderfußkrebs verliert mit dem Heranwachsen infektiöser Larven seinen Schreckreiz, bei dem er sonst bewegungslos erstarrt, und bewegt sich nun auch bei Gefahr und damit mit einer größeren Wahrscheinlichkeit, vom Stichling gefressen zu werden. Im Stichling entwickelt sich das dritte Larvenstadium. Die Larven verlassen den aufgeblasenen Körper des Stichlings und landen im Schnabel eines Vogels. Der Kreis ist geschlossen.[160]

So alternativlos sind Mensch und Wurm bei der Bilharziose nicht aneinander gekettet. Schon dem Aufklärer des Lebenszyklus von Schistosomum, Robert Thomson Leiper, war es gelungen, Mangaben (eine Affenart), Guineaschweine und ägyptische Wüstenratten durch Zerkarien zu infizieren und große Mengen Würmer in ihren Pfortadern nachzuweisen. Eine Ko-Evolution, eine Art wechselseitige Anpassung im Gleichschritt, ist zwar anzunehmen, aber wegen einer Vielzahl von Akteuren nur schwer nachzuweisen. Das Miracidium muss die Abwehr der Tellerschnecke überlisten, die Zerkarie die Abwehr des Menschen. Auch alle Zwischenformen wie Sporozysten, Redien und juvenile Würmer (Schistomula) müssen die Abwehr von Zwischenwirt und Wirt überleben. Virulenz des Angreifers, seine Fähigkeit, die Barrieren des Verteidigers zu überwinden, und die Resistenz des Verteidigers verändern sich ständig und sind genetisch in Experimenten für die auch in Ägypten sehr häufige Schistosomiasis Mansoni nachgewiesen.[161] Für die Pärchenegel der Bilharziose eröffnen sich durchaus auch andere Möglichkeiten eines Endwirtes, in dem sie ihre geschlechtliche Vermehrung fortsetzen können *(host switch)*. Was heute als Fehlwirt gilt, könnte zu einem weiteren Endwirt werden. Evolutionsgeschichtlich ist der Mensch mit Sicherheit die letzte Wahl des Pärchenegels geworden, den es wahrscheinlich seit 150 Millionen Jahren gibt, und phylogenetische Untersuchungen legen nahe, dass von einem ähnlichen Wechsel die Schnecken betroffen waren und die ersten Endwirte unter den Huftieren zu suchen sind.[162]

Es hängt alles mit allem zusammen, und diese Zusammenhänge haben eine sehr lange Geschichte der wechselseitigen Abhängigkeiten, der Veränderungen durch Migration und der Bedingungen vor Ort. Die Untersuchungen zu Ko-Evolution, Ökologie und Populationsgenetik gehen inzwischen weit über die Netzwerke des Generationswechsels hinaus, die mit den parasitischen Würmern des Menschen und seiner Haustiere erstmals sichtbar gemacht werden konnten.

Anmerkungen

1 Johannes Krause mit Thomas Trappe, Die Reise unserer Gene. Eine Geschichte über uns und unsere Vorfahren. Berlin 2021, S. 244.

2 Carl August Wunderlich, Wilhelm Griesinger. Eine biographische Skizze. Leipzig 1869, S. 5.

3 Wilhelm Griesinger, Die Pathologie und Therapie der psychischen Krankheiten für Aerzte und Studirende. Vorwort. Stuttgart 1845.

4 Dr. K. Küpfel, Geschichte und Beschreibung der Universität Tübingen. Tübingen 1849: Die Zustände an der medizinischen Fakultät 1811–1848. Vor allem die Auseinandersetzung zwischen der alten und der neuen, an Beobachtung ausgerichteten Medizin, S. 486. Dazu auch: Alexander Ecker, Hundert Jahre einer Freiburger Professoren-Familie. Freiburg 1886. Lebhafte Schilderung der Revolutionsvorgänge in Freiburg und auf der Rheinbrücke von Basel / Leopold Heinrich Fischer, Das zoologische Museum der Albrecht-Ludwigs-Hochschule zu Freiburg: nebst Winken bezüglich der Pflege naturwissenschaftlicher Studien. Freiburg 1870.

5 Nadia A El-Dib, Theodor Bilharz and a life trip to Egypt. Parasitologists United Journal. April 2019 Online.

6 Hans Körner, Die Würzburger Siebold. Leipzig 1967, S. 294.

7 Alexander von Humboldt, Bericht über die naturhistorischen Reisen der Herren Ehrenberg und Hemprich durch Ägypten, Dongola, Syrien, Arabien und den östlichen Abfall des Habessinischen Hochlandes, in den Jahren 1820–1825. Berlin 1826.

8 Wilhelm Griesinger, Klinische und anatomische Beobachtungen über die Krankeiten von Ägypten. Archiv für physiologische Heilkunde Band 12, 1853, S. 3.

9 Khaled Fahmy, „Law, medicine and society in nineteenth-century Egypt“, *Égypte/Monde arabe* [En ligne], 34 | 1998, mis en ligne le 08 juillet 2008, consulté le 18 février 2023. URL: http://journals.openedition.org/ema/1488 ; DOI: https://doi.org/10.4000/ema.1488.

10 Louis Delatre, L’Egypte en 1858. Revue de l’Orient, de l’Algérie et des colonies. Bulletin de la Société Orientale de France. Septembre 1858, S. 144.

11 El Dib NA. Kasr Al Ainy, the story of a palace that became a medical school. Kasr Al Ainy Med J 2015; 21:1-6 / Bruno Argémi, Jomard Clot Bey et la modernisation de la médecine dans l’Égypte de Méhémet-Ali. Bulletin de la samix 54, 2014, S. 23-30.

12 Derek James Overtone, some Aspects of induced development in Egypt und Muhammad Ali Pasha and Khedive Ismail. Thesis. Simon Fraser University 1971, S. 35 f.
13 Alfred von Kremer, *Aegypten*. Forschungen über Land und Volk während eines zehnjährigen Aufenthalts. Erste Ausgabe. 2 Teile in 1 Bd. Leipzig 1863. Bd.1, S. 134.
14 Zeitschrift für Ethnologie Band 1, 1869, S. 153.
15 Dr. Alexander Ecker, Schädel nordostafrikanischer Völker aus der von Prof. Bilharz in Cairo hinterlassenen Sammlung, abgebildet und beschrieben. Frankfurt/Main 1866. S. 3.
16 Ecker, a.a.O., S. 4.
17 Ecker, a.a.O., S. 21.
18 Sie sind in der Zeitschrift für wissenschaftliche Zoologie 1860, Band 10, 3. Heft, S. 281 unter dem Titel „Beschreibung der Genitalorgane einiger schwarzer Eunuchen, nebst Bemerkungen über die Beschneidung der Clitoris und kleinen Schamlippen“ veröffentlicht (Berichte über die Verhandlungen der Naturforschenden Gesellschaft zu Freiburg i.B. Bände 1-3, Lebensskizze des Dr. Theodor Bilharz. Heft Nr. 1, August 1862, S. 1-23).
19 Tableau de l‘Egypte, de la Nubie et des lieux circonvoisins, ou Itinéraire à l’usage des voyageurs qui visitent ces contreées. Paris 1830.
20 Sahar Saleem, Egyptian Medical Civilization: From Dawn of History to Kasr Al Ainy school. Researchgate publication May 2021.
21 Fortschritte der Medizin 38 (1921), Nr. 31. Briefwechsel Bilharz–Virchow 1859.
22 Rolf Herzog, Deutsche Ärzte in Kairo. In: Ulrich Haarmann u.a. (Hrsg.): Die islamische Welt zwischen Mittelalter und Neuzeit: Festschrift für Hans Robert Roemer zum 65. Geburtstag. Beirut, Wiesbaden: Steiner [in Komm.], 1979, S. [296] – 314 / Pflugradt-Abdel Aziz Elke. La cité thermale d‘Helwan en Egypte et son fondateur, Wilhelm Reil-Bey. In: Revue du monde musulman et de la Méditerranée, n°73-74, 1994.
23 Wiener Medizinische Wochenschrift Band 13, 1863, S. 417 f.
24 A.a.O., S. 426.
25 A.a.O., S. 427.
26 A.a.O., S. 431.
27 Adelbert von Chamisso, … Und lassen gelten, was ich beobachtet habe. Naturwissenschaftliche Schriften mit Zeichnungen des Autors. Herausgegeben von Ruth Schneebeli-Graf. Berlin 1983. De Salpa, deutsch S. 47.
28 Siebold, Ueber Parthenogenesis, Vortrag. München 1862, S. 6.
29 Adelbert von Chamissso, Werke Band 1. Reise um die Welt mit der Romanzoffischen Entdeckungs-Expedition in den Jahren 1815–1818 auf der Brigg Rurik. Kapitain Otto von Kotzebue, Leipzig 1836, S. 51.

30 Dieter Zissler, Die Entdeckungsgeschichte des Generationswechsels der Tiere. Zobodat.at. PDF, S. 960 f.

31 Der Text dieses Absatzes ist aus verschiedenen Zitaten und Denkmustern von Kriminalromanen zusammengesetzt: Håkan Nesser, Schach unter dem Vulkan, München 2022, S. 182, 332. E.T.A. Hofmann, Das Fräulein von Scuderi, Reclam 2022, S. 73. Andrea Camillieri, Das Spiel des Patriarchen, Köln 2022, S. 238. Sjöwall/Wallhöö, Endstation für neun. Hamburg 1971.

32 v. Siebold und Stannius, Lehrbuch der vergleichenden Anatomie, Erster Theil. Wirbellose Thiere von C. Th. v. Siebold. Berlin 1848.

33 Johannes Japetus Smith Steenstrup, Ueber den Generationswechsel, oder die Fortpflanzung und Entwicklung durch abwechselnde Generationen, eine eigenthümliche Form der Brutpflege in den niederen Thierclassen. Copenhagen 1842.

34 Rudolph Wagner Hg., Handwörterbuch der Physiologie mit Rücksicht auf physiologische Pathologie. Braunschweig 1844 2. Band, S. 647.

35 Handwörterbuch, a. a. O., S. 646.

36 Andrea Camillieri, Das Spiel des Patriarchen, Köln 2022, S. 102.

37 Handwörterbuch, a. a. O., S. 683.

38 Handwörterbuch, a. a. O., S. 689.

39 Nachricht über eine durch Erbrechen ausgeleerte Eidechse, Wochenschrift für die gesammte Heilkunde. Berlin 1834, Nr. 27, S. 425 und 28, S. 441.

40 Siebold, Handwörterbuch, a. a. O., S. 690-691.

41 Handwörterbuch, a. a. O., S. 684.

42 Handwörterbuch, a. a. O., S. 683.

43 Carl Theodor von Siebold, Ueber die Band- und Blasenwürmer nebst einer Einleitung über die Entstehung der Eingeweidewürmer. Leipzig 1854.

44 Band- und Blasenwürmer, a. a. O., S. 73 f.

45 Hans Körner, Die Würzburger Siebold. Leipzig 1967, S. 312.

46 Siebold, Ueber Parthenogenesis, Vortrag in der öffentlichen Sitzung der Königlichen Akademie. München 1862, S. 25.

47 Der Brief war in der Westdeutschen Bibliothek Marburg, Sammlung Darmstaedter. Körner, a. a. O., S. 307. Seit 1970 ist die Sammlung wieder in der Staatsbibliothek zu Berlin. Preußischer Kulturbesitz.

48 Ueber Parthenogenesis, a. a. O., S. 10.

49 Carl Vogt, Zoologische Briefe. Naturgeschichte der lebenden und untergegangenen Thiere, für Lehrer, höhere Schulen und Gebildete aller Stände. Frankfurt 1851. Band 1, S. 12.

50 Ebd.

51 Untersuchungen über die Thierstaaten, S. 11.

52 Carl Vogt, Untersuchungen über Thierstaaten. Frankfurt 1851, S. 27-28.
53 Krause, Ernst, „Vogt, Carl" in: Allgemeine Deutsche Biographie 40 (1896), S. 181-189 [Online-Version].
54 Storch, Welsch, Systematische Zoologie, a. a. O., S. 105, 109 / Nation CS, Da'dara AA, Marchant JK, Skelly PJ. Schistosome migration in the definitive host. Published online 2020 Apr 2. doi: 10.1371/journal.pntd.0007951).
55 Handwörterbuch, a. a. O., S. 671.
56 Handwörterbuch, a. a. O., S. 670
57 Storch, Welsch, a. a. O., S. 104.
58 Nation et al., Schistosome migration in the definitive host, a. a. O.
59 Archiv für physiologische Heilkunde 1854, S. 574. Distomum haematobium, S. 561, mit Zeichungen von Griesinger und Fallbeispielen ab S. 566.
60 R.T. Leiper, Researches on Egytian Bilharziosis. London 1918 S. 6 / J. Harley, On the Endemic Haematuria of Cape of Good Hope. Med.-Chir. Trans., London 1864, 47, S. 55-72.
61 Leiper, a. a. O., S. 8.
62 Société de géographie Italienne. — Bulletin, 3me série, vol. 5, fas. 8 à 9. Dr Prosper Sonsino. — Studi sui parassiti di molluschi d'acqua dolce nei dintorni di Cairo in Egitto.
63 Karl Enigk, Geschichte der Helminthologie im deutschsprachigem Raum. Stuttgart 1986, S. 329.
64 Lortet et Vialetton, Étude sur le Bilharzia haematobia et la Bilharziose. Paris 1894, S. 71 f.
65 Pierre Poteaux, Benjamin Gourbal, David Duval. Time series analysis of tegument ultrastructure of in vitro transformed miracidium to mother sporocyst of the human parasite Schistosoma mansoni. Acta Tropica, 2023, 240/j.actatropica.2023.106840.hal-03974738.
66 Leiper, a. a. O., S. 9 / A. Looss. Recherches sur la faune parasitaire de l'Egypte. Inst. Egypt, 2 (64) (1896).
67 Wilfrid Ehlert, Ein Gießener wider Willen. Zum 125. Geburtstag von Arthur Looss. Justus-Liebig-Universität Gießen. Volltext pdf.
68 Leiper, a. a. O., S. 3.
69 Leiper, a. a. O., S. 36 f.
70 Leiper, a. a. O., S. 40 f.
71 Rashida : R. Bakarat, Epideniology of Schistosomiasis in Egypt: Travel through Time. Cairo University Press 2012.
72 Zoologische Briefe. Naturgeschichte der lebenden und untergegangenen Thiere. Frankfurt 1851. Band 1, S. 6.
73 Carl Vogt, Köhlerglaube und Wissenschaft: eine Streitschrift gegen Hofrath Rudolph Wagner. Gießen 1855, S. 121.

74 Köhlerglaube, a.a.O. S.49.
75 Köhlerglaube, a.a.O., S.52.
76 Köhlerglaube, a.a.O., S.56.
77 Köhlerglaube, a.a.O., S.50.
78 Carl Vogt, Vorlesungen über den Menschen seine Stellung in der Schöpfung und in der Geschichte der Erde. Gießen 1863, Bd. 1, S.217.
79 Vorlesungen, a.a.O., Bd. 2, S.80.
80 Vorlesungen, a.a.O., Bd 1, S.7.
81 Vorlesungen, a.a.O., Bd. 1, S.22.
82 Vorlesungen, a.a.O., Bd. 1, S.25.
83 Vorlesungen, a.a.O., Bd. 1, S.26.
84 A. Quetelet, Über den Menschen und die Entwicklung seiner Fähigkeiten oder Versuch einer Physik der Gesellschaft. Stuttgart 1838, S.566f. Franz. Orginal 1835.
85 Vorlesungen, a.a.O., Bd. 1, S.51.
86 Aurél von Török, Grundzüge einer systematischen Kraniometrie: methodische Anleitung zur kraniometrischen Analyse der Schädelform für die Zwecke der physischen Anthropologie, der vergleichenden Anatomie: sowie für die Zwecke der medizinischen Disziplinen (Psychiatrie, Okulistik, Zahnheilkunde, Geburtshilfe, gerichtliche Medizin) und der bildenden Künste (plastische Anatomie): ein Handbuch fürs Laboratorium. Stuttgart 1890, S.397.
87 Vorlesungen, a.a.O., Bd. 1, S.52.
88 Vorlesungen, a.a.O., Bd. 1, S.58.
89 Vorlesungen, a.a.O., Bd. 1, S.59.
90 Petrus Camper, Über Den Natürlichen Unterschied Der Gesichtszüge In Menschen Verschiedener Gegenden Und Verschiedenen Alters : Über Das Schöne Antiker Bildsäulen Und Geschnittener Steine : Nebst Darstellung Einer Neuen Art, Allerlei Menschenköpfe Mit Sicherheit Zu Zeichnen. Übersetzt von S. Th. Sömmerring. Berlin 1792.
91 Vorlesungen, a.a.O., Bd. 1, S.93.
92 Vorlesungen, a.a.O., Bd. 1, S.93.
93 Vorlesungen, a.a.O., Bd. 1, S.95.
94 Vorlesungen, a.a.O., Bd. 1, S.98.
95 Vorlesungen, a.a.O., Bd. 1, S.104.
96 Vorlesungen, a.a.O., Bd. 1, S.103.
97 Vorlesungen, a.a.O., Bd. 1, S.216.
98 Vorlesungen, a.a.O., Bd. 1, S.226f.
99 Vorlesungen, a.a.O., Bd. 1, S.242.
100 Vorlesungen, a.a.O., Bd. 1, S.244f.
101 Vorlesungen, a.a.O., Bd. 2, S.261.
102 Vorlesungen, a.a.O., Bd. 2, S.80.

103 Vorlesungen, a.a.O., Bd. 2, S. 277.
104 Vorlesungen, a.a.O. Bd. 2, S. 230f.
105 Vorlesungen, a.a.O., Bd. 2, S. 227f.
106 Vorlesungen, a.a.O., Bd. 2, S. 248.
107 Vorlesungen, a.a.O., Bd. 1, S. 237f.
108 Neue Deutsche Biographie Bd. 20, S. 747 / Anton Schäfer, Leben und Wirken des Arztes Franz Pruner-Bey. Dissertation. Leiden 1931, S. 82.
109 Questions relatives à l'Anthropolgie générale suvie des Origines Asiatiques des Européens. Extrait des Bulletins de la Société d'Anthrologie de Paris. Paris 1864.
110 Topographie medicale du Caire : avec le plan de la ville et des environs". Munich 1847, S. 37f.
111 Pruner-Bey, Mémoire sur les nègres. Lu à la Société d'Anthropologie dans les scéances du 17 Janvier et du 21 Février 1861, Mémoires de la Société d'Anthropologie de Paris, t. I, 1860–1863, S. 335.
112 Transactions of the Zoological Society of London. London 1866, Vol. V, Plate XII, S. 70 / William A. Ewing, The Body. London 1994, S. 115.
113 Anton Schäfer, a.a.O., S. 71f.
114 Johann Friedrich Blumenbach, Über die natürlichen Verschiedenheiten im Menschengeschlechte. Nach der dritten Ausgabe und den Erinnerungen des Verfassers übersetzt. Leipzig 1798, S. 204. Erste Ausgabe 1775 De generis humani varietate nativa.
115 Blumenbach, J. F.: *Decas* ... Collectionis Suae Craniorum Diversarum Gentium Illustrata.
116 Samuel Soemmerring, Über die körperliche Verschiedenheit des Mohren vom Europäer. Mainz 1784, S. 32.
117 Soemmerring, a.a.O., S. 5.
118 Frank William Peter Dougherty, Johann Friedrich Blumenbach und Samuel Soemmerring. Eine Auseinandersetzung in anthropologischer Hinsicht? In: Gesammelte Aufsätze zu Themen der klassischen Periode der Naturgeschichte. Göttingen 1996, S. 160-175, hier S. 170 / Frank William Peter Dougherty, Christoph Meiners und Johann Friedrich Blumenbach im Streit um den Begriff der Menschenrasse. Ebd., S. 176-190.
119 Friedrich Tiedemann, Das Hirn des Negers mit dem des Europäers und Orang-Outangs verglichen. Heidelberg 1837. Zuerst in den Philosophical Transactions veröffentlicht als On the Brain of the Negro, compared with that of the European and the Orang-Outang, London 1836.
120 Tiedemann, a.a.O., S. 18.
121 Tiedemann, a.a.O., S. 20.

122 Tiedemann, a.a.O., S. 47.
123 Tiedemann, a.a.O., S. 64
124 Vorlesungen, a.a.O. Bd.. 1, S. 104 / Bd. 2, S. 76, Auseinandersetzung mit Richard Owen, Thomas Huxley und Hermann Schaafhausen.
125 William Faulkner, Sartorius. Hamburg 1985, S. 250. Original 1929.
126 Bischoff Theodor Ludwig Wilhelm, 1861. *Gedächtnissrede auf Friedrich Tiedemann. Vorgetragen in der öffentlichen Sitzung der k. Akademie der Wissenschaften am 28. November 1861, als am allerhöchsten Geburtstage Sr. Majestät des Königs Maximilian II. von Bayern*, Munich, Verlag der k. Akademie. S. 13 f.
127 Nachrichten über Leben und Schriften des Herrn Geheimraths Dr. Karl Ernst von Baer, mitgeteilt von ihm selbst. Veröffentlicht bei Gelegenheit des fünfzigjährigen Doctor-Jubiläums am 29. August 1864 von der Ritterschaft Ehstlands. St. Petersburg 1866, S. 170.
128 Baer, a.a.O., S. 288 f.
129 Bericht über die Zusammenkunft einiger Anthropologen im September 1861 in Göttingen zum Zwecke gemeinsamer Besprechungen: erstattet von Karl Ernst von Baer und Rudolph Wagner. Leipzig 1861, S. 7 f.
130 Bericht, a.a.O., S. 17 f.
131 Helmut Veil, Von der Meteorologie der Sphären zum irdischen Vakuum. Frankfurt 2009, S. 82.
132 Bericht, a.a.O., S. 70.
133 Török, a.a.O., S. 12, 13.
134 Johannes Krause mit Thomas Trappe, Die Reise unserer Gene. Eine Geschichte über uns und unsere Vorfahren. Berlin 2021, S. 21-34.
135 Chandlerismen. In: Raymond Chandler, Englischer Sommer. Zürich 1980. S. 177.
136 Dtsch. Ärztebl. 2006; 103(8): A-466 / B-401 / C-383.
137 Ludwig Büchner, Kraft und Stoff. Erste Auflage Frankfurt 1855, 6. Auflage. Frankfurt 1859, S. 75.
138 Büchner a.a.O., S. 115 f.
139 Lichtenberg, Sudelbuch G, 1779-1788. [G 183].
140 Paul Broca: Sur le volume et la forme du cerveau suivant les individus et suivant les races (Über Volumen und Form des Gehirns je nach Individuen und Rassen), S. 15, Auszug aus Bd. II der Bulletins de la Société d'anthropologie, Sitzungen vom 21. März und 2. Mai 1861.
141 Stephen Jay Gould: The Mismeasure of Man. Norton, New York 1996, S. 89 f.
142 Ratzel, Friedrich, „Burmeister, Hermann" in: Allgemeine Deutsche Biographie 47 (1903), S. 394-396 [Online-Version].
143 Hermann Burmeister, Geologische Bilder zur Geschichte der Erde

und ihrer Bewohner. 2. Band, 2. Auflage Leipzig 1855. Der schwarze Mensch, S. 95 f./ Vogt, Vorlesungen, a. a. O., Bd. 1, S. 223 f.

144 Burmeister, a. a. O., S. 133.

145 Thomas Henry Huxley, Evidence as to Man's Place in Nature. London 1863. Übersetzt von J. Victor Carus, Zeugnisse für die Stellung des Menschen in der Natur. Braunschweig 1863.

146 Huxley, a. a. O., S. 170 f.

147 Huxley, a. a. O. S. 98 f.

148 Vorlesungen, a. a. O., Bd. 1, S. 196.

149 Charles Lyell, The geological evidences of the antiquity of man. London 1863. Deutsch von Louis Büchner nach der dritten Auflage: Das Alter des Menschengeschlechts auf der Erde und der Ursprung der Arten durch Abänderung, nebst einer Beschreibung der Eiszeit in Europa und Amerika. Leipzig 1864, S. 425 f.

150 Lyell, a. a. O., S. 450.

151 Dashiel Hammett, Der gläserne Schlüssel. Zürich 1976, S. 129.

152 Carl Ludwig, Lehrbuch der Physiologie des Menschen. 1. Band, 2. Auflage. Leipzig und Heidelberg 1858, S. 491.

153 Frederik Jötten, Der Genetiker Johannes Krause im Interview, „Genetisch sind Europäer Ostafrikaner". Spektrum.de.

154 Jörg Albrecht, Der Fremde und das Vertraute. Faz.net vom 17.11.2015.

155 Ulrich Kattmann, Die genetische Vielfalt der Menschen widerspricht der Einteilung der Menschen in „Rassen". Naturwissenschaftliche Rundschau Heft 6, 2021, S. 285 f / S. J. Gould: Warum wir menschliche Rassen nicht benennen sollten – eine biologische Betrachtung. In: Darwin nach Darwin. Naturgeschichtliche Reflexionen. Frankfurt 1984, S. 195. Englisch 1977.

156 Spektrum der Wissenschaft 4. 2023, S. 29.

157 Adelbert von Chamisso, Übersicht der nutzbarsten und der schädlichsten Gewächse, welche wild oder angebaut in Norddeutschland vorkommen. – Nebst Ansichten von der Pflanzenkunde und dem Pflanzenreiche. Berlin 1827 S. 46.

158 Deepwave. Die Meeresschutzorganisation, 3.6.2021.

159 Spektrum.de News 16.5.2022. Scientific American 326, S. 62-69, 2022 (May 2022), doi:10.1038/scientificamerican0522-62.

160 Madhusree Mukerjee, Manipulativer Lebenszyklus. Wie ein Parasit das Verhalten von mindestens einem seiner drei Wirte steuert, um vom Wasser in die Luft zu gelangen – und wieder zurück. Spektrum der Wissenschaft 2/2023, S. 57.

161 Joanne P. Webster, Jaya Shrivastava, Paul J. Johnson, Lynsey Blair, Is host-schistosome coevolution going anywhere? BMC Evol Biol. 2007; 7: 91.

162 Lawton, S.P., Hirai, H., Ironside, J.E. et al. Genomes and geography: genomic insights into the evolution and phylogeography of the genus Schistosoma. Parasites Vectors 4, 131 (2011). https://doi.org/10.1186/1756-3305-4-131.

Der Autor

Helmut Veil, geb. 1943, war Allgemeinarzt in Frankfurt am Main und beschäftigt sich seit Jahrzehnten mit der Geschichte der Naturwissenschaften. Er untersucht die kulturellen und ideellen Voraussetzungen epochaler Gärungsprozesse der Naturerkenntnis, in denen sich festgefügte Erklärungsmuster zersetzen und neue noch nicht etabliert haben.

Bisher erschienen

Wasserrad, Dampfmaschine, Holzkohle, Koks und Eisen. Eine Studie zur Energiewende im 18. Jahrhundert · 2022 · ISBN 978-3-941743-90-8 · Broschur · 108 Seiten · 28 Abbildungen, davon sieben vierfarbig · 16,80 Euro · E-Book (PDF) 12,00 Euro

Künstler, Kriege und Kanonen. Eine kulturhistorische Analyse von Dürers „Landschaft mit Kanone" · 2021 · ISBN 978-3-941743-89-2 · 50 Seiten · PDF · Open Access

Der Wald und seine Plünderer. Forstwissenschaften und Klimaturbulenzen im 19. Jahrhundert · 2020 · ISBN 978-3-941743-87-8 · Broschur · 212 Seiten · 136 Abbildungen, davon 64 vierfarbig · 32,00 Euro · E-Book (PDF) 20,00 Euro

Cholera. Ein Debakel der Wissenschaft und Politik im 19. Jahrhundert · 2019 · ISBN 978-3-941743-81-6 · Broschur · 120 Seiten · 20 Abbildungen, davon drei farbig · 18,00 Euro · E-Book (PDF) 12,00 Euro

Elektrisches Feuer 1746. Ein bizarrer Streit um Wissenschaft und Öffentlichkeit in Leipzig · 2019 · ISBN 978-3-941743-77-9 · Broschur · 136 Seiten · 14 Abbildungen, davon acht farbig · 18,00 Euro · E-Book (PDF) 13,00 Euro

Eis und Feuer. Geologie wird Wissenschaft inmitten der Kriege Napoleons · 2017 · ISBN 978-3-941743-73-1 · Broschur · 168 Seiten · 34 Abbildungen, davon acht farbig · 24,80 Euro · E-Book (PDF) 16,80 Euro

Totenkopf und Schwefelblüte. Die Spur der Schwefelsäure in der Chemie des Handwerks 1500 bis 1800 · 2016 · ISBN 978-3-941743-63-2 · Broschur · 136 Seiten, 34 Abbildungen, davon 16 farbig · 24,80 Euro · E-Book (PDF) 16,80 Euro

Praktiker neuzeitlicher Wissenschaften im Mittelalter. Navigatoren, Rechenmeister, Ärzte, Falkner, Künstler · 2015 · ISBN 978-3-941743-51-9 · Broschur · 132 Seiten, 37 Abbildungen · 24,80 Euro · E-Book (PDF) 16,80 Euro

Aeronautiker zwischen Ballon und Vogelflug. Szenen aus der Kulturgeschichte des Fliegens · 2014 · ISBN 978-3-941743-41-0 · Hardcover · 156 Seiten · 43 Abbildungen · 24,80 Euro · E-Book (PDF) 16,80 Euro

Mitten im Umsturz Europas. Der Geologe und Revolutionär Faujas de Saint-Fond (1741 bis 1819) · 2012 · ISBN 978-3-941743-27-4 · Broschur · 244 Seiten · 25 Abbildungen · 24,80 Euro · E-Book (PDF) 16,80 Euro

Geistesblitz und kühne Vermutung. Eine historische Studie zur Spekulation in den Naturwissenschaften – Ptolemäus, Cusanus, Fracastorius, Stahl, Yukawa · 2010 · ISBN 978-3-941743-08-3 · Broschur · 120 Seiten, 18 Abbildungen · 19,80 Euro · E-Book (PDF) 13,80 Euro

Von der Meteorologie der Sphären zum irdischen Vakuum. Wissenschaft und Religion im Barock. Ein intellektuelles Milieu – wiederbelebt aus Erasmus Franciscis Diskurs über die Luft · 2009 · ISBN 978-3-934157-99-6 · Hardcover · 384 Seiten · 51 Abbildungen · 42,00 Euro · E-Book (PDF) 28,80 Euro